今日も
さわやかに麗しく
生きていきましょう

ちいりお
ちいりおママ

KADOKAWA

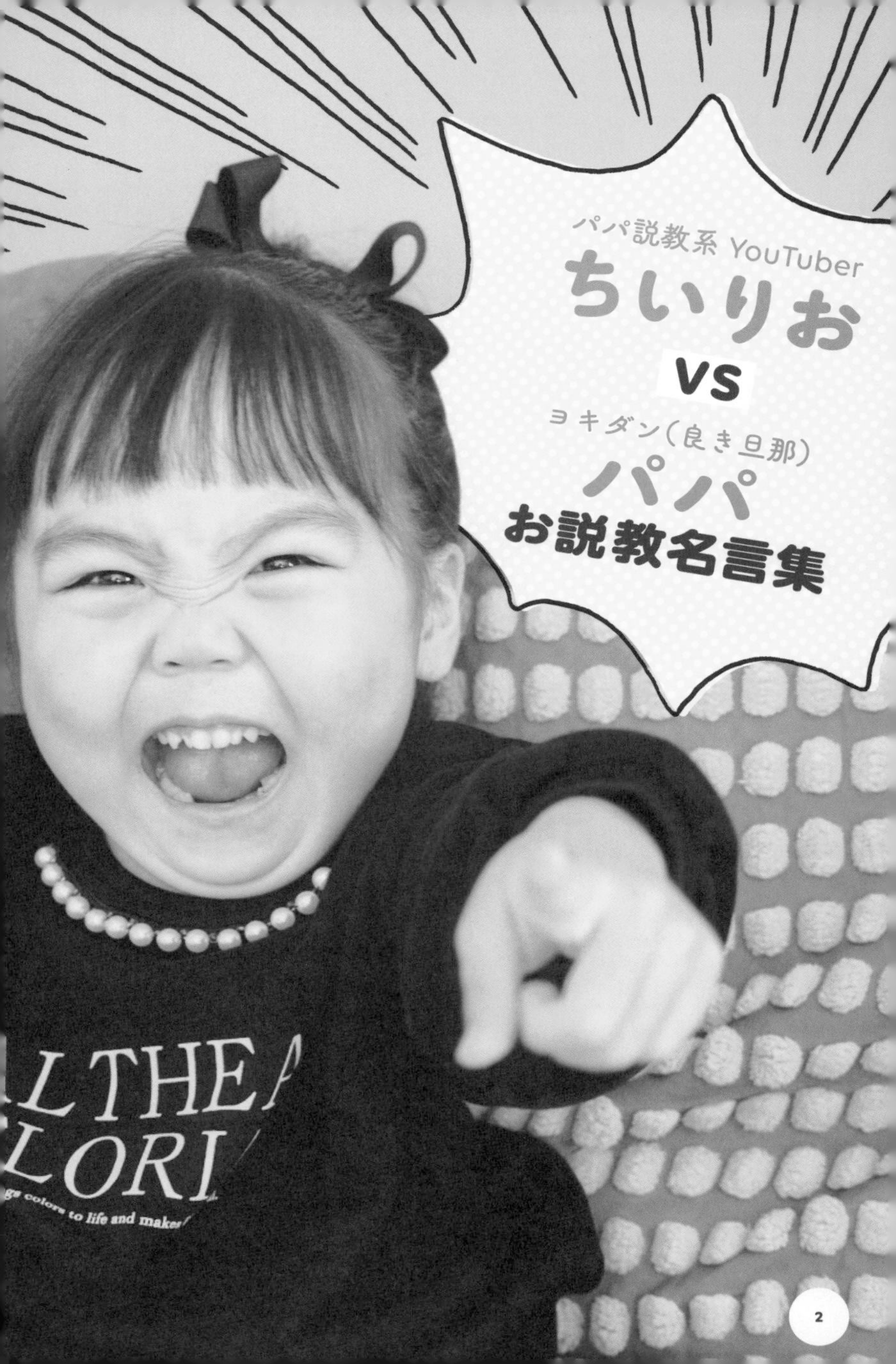
パパ説教系 YouTuber
ちいりお
VS
ヨキダン（良き旦那）
パパ
お説教名言集

寝ん、ゲームせん、漫画みん、転がら
ん、手伝う、車でよそ見せん。あなた
これできてますか？　できてません
よね？　あなた本当に大人ですか？
えっ、子どもなの？

ケーキはねえ、
ママの誕生日
プレゼントって
言わんのですよ！

そこらへんに
何個もくつ下
脱ぎ捨てるのやめて！

パパ、まだママ立っとるやろ。
自分がせんといかんこと
わかるやろ？　わからんか〜。
あ、ごめん大丈夫。パパには
ちょっとむずかしかったか〜

パパ？
りおに言わなきゃ
いけないことあるよねえ？
思い当たることあるよねえ？
自分から言うたほうが
ええでぇ〜

ゲーム、
ユーチューブ、
夜中に麻雀……
私のお世話、
しとらんやろ！

ママがしんどいときは、
パパが、か・わ・りに
やってあげて？

はい（泣）

何かがんばったら麻雀行けると
思ってるやろ。
子どもの世話してルール守った
人が遊びに行けるんやで

褒めてよくない？
パパ
よくやっとるやん

手伝ってるやろ？
パパもしよるよ～

やめそれｗｗ

あなためちゃヒゲ濃っ！

パパさ、「お風呂洗った」「食器洗った」って
ママにいちいち報告するの
やめて？

はい（泣）

え？　それパパのこと言いよる？ｗ

もしかしてママ、疲れてる？　いや、疲れているよね。あああああああ～!!（叫ぶ）、ママが疲れちゃってるぅ～！　こういうときに手が空いている大人がいたらいいのに～！　麻雀とかユーチューブとかプロスピとかしてる暇な大人が手伝ってくれたらいいのに～～（チラッ）

ママのまえがき

皆さま、はじめまして。ユーチューブチャンネル
「ちぃりおちゃんねる」の、りおなの母です。りおなは以前、

「ママの方が大変なんやけん。手伝ったとこ1回も見てませんけど、私」
「私のお世話したの、ママですけど？」

なんて一丁前に「パパをお説教する娘」シリーズの動画で
少々話題になった幼稚園児と言ったら、
おわかりになる方もいらっしゃるかもしれません。
パパへのこんなツッコミだけじゃなくて、ギャグを言ったり、
白目をむいて変顔したり、ボケたり、独特なセンスのメイク講座を
開催したり……常に笑いを追求している6歳児です。
それに、いつも笑顔で明るくて、天真爛漫で、おしゃべりが上手で、

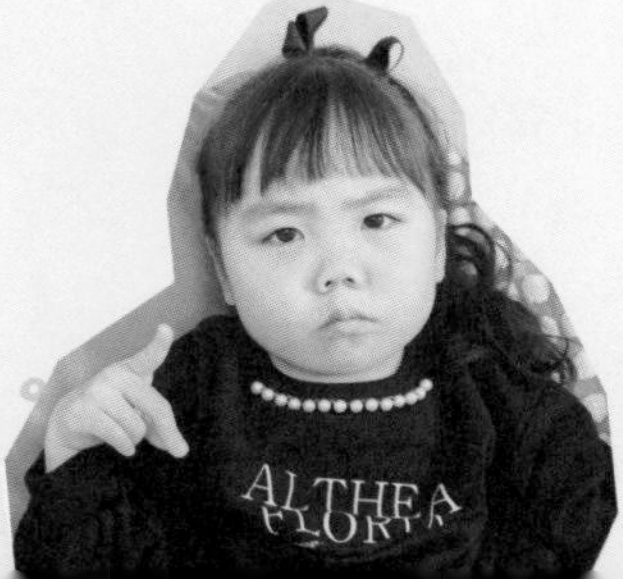

周りを笑顔にさせてくれる女の子です。

そんなりおなは、たくさんの病気を抱えて生まれてきました。
口蓋裂《こうがいれつ》（口の中の口蓋という天井部分に穴が開いた状態）、
小顎症《しょうがくしょう》、低身長症など、いろいろな疾患が重なって、
生まれたときから入退院を繰り返してきました。

そのりおなが「側弯症《そくわんしょう》」と診断されたのは、２歳半のときです。
側弯症は、さまざまな原因で背骨が左右に弯曲《わんきょく》してねじれる疾患です。
軽度から重度まで進行の度合いは人それぞれですが、
重度になると曲がった背骨が肺や心臓を圧迫して呼吸しづらくなってしまいます。
りおなは４歳半のとき、これ以上背骨の弯曲が進んだら
命の危険も出てくるという状態になり、手術に踏み切ります。
それで進行は食い止められたものの、下半身に麻痺が残ってしまいました。

りおなが歩けなくなって、1年と少し。
でも、りおなはもう一度、自分の足で歩くことをあきらめていません。
「絶対歩けるようになる！」と信じて、辛いリハビリも毎日頑張っています。
現在は身長93㎝体重13・5㎏。3歳児くらいの大きさの6歳児です。
そんなポジティブな娘の姿を私たちがSNSで発信し続けているのは、
側弯症や下半身麻痺・低身長症といった、娘の抱える病について
多くの人に知ってもらいたいからです。
そして、こんな子もいるんだなーって、
明るく受け止めてくれる世界を用意してあげられたらいいなと思っています。
ありがたいことに2021年末に始めたインスタグラムのフォロワー数は
29万人を超え、2022年末に始めたユーチューブの登録者数は

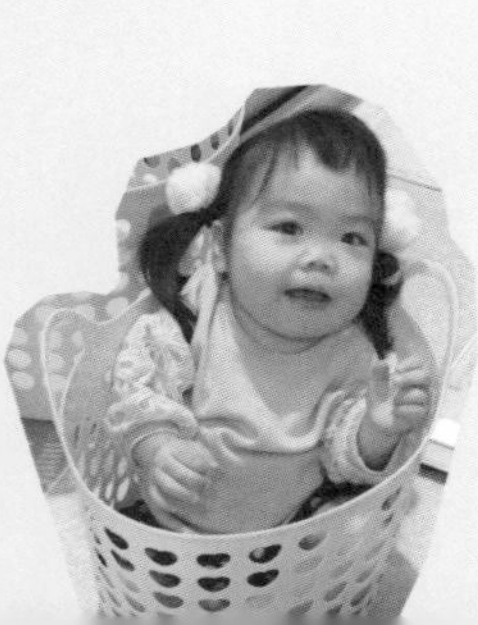

120万人を超えました(2023年12月時点)。
フォロワーさんからは、いつも温かい励ましや、
応援の心強い声をたくさんいただいています。
テレビ番組やネットニュースで取り上げていただく機会も、これまでに何度かありました。
もちろん、こうして大勢の方の目に触れることで
ネガティブな反応がないわけではないのですが、
まあ、それはあまり気にしすぎずに、応援してくださる方たちのポジティブな
パワーに目を向けるようにしています。
いただいたコメント一つひとつが、私たち家族の心の支えになっています。

また、同じ病気を経験された方から連絡をいただくこともあります。
同じように悩んでいる方、苦しんでいる方にとって、
りおなのユーチューブやSNSが少しでもお役に立ち、励みになれば嬉しい。

私たちはそんな思いで発信しています。
だから「本を作りませんか？」とKADOKAWAの編集者さんから
お話をいただいたとき、少し迷ったものの、
娘と同じように病に悩む方の何かの参考になればと思い、
これまでの経緯をまとめることにしたのです。

娘に疾患があるとはいっても、普段の我が家には悲愴《ひそう》感はほぼゼロで、
いつも笑いに満ちています。
お笑い好きで明るい夫。穏やかで優しい長男（りおなの兄）。
落ち込むこともあるけれど、基本は楽天的な私。
0歳から夫にお笑いの芸を仕込まれて育ったりおな。
彼女の、ありのままの姿をお楽しみいただけたらとても嬉しいです。

前半では、りおなの自己紹介や写真つきでの成長の記録、家族のこと、
恋愛のこと、学校のことなどに答えるインタビューコーナーに加え、
バズった「お説教」の言葉をりおなの写真とともにまとめました。
たっぷり「りおな」まみれの本です（笑）。
また、りおなのお悩み相談コーナーもあります。
編集部が選んでくれた大人のお悩みに一生懸命答えています。
それから、よくお説教されているパパと、りおなで対談しています。

後半では、私の目線で、娘が生まれてから今日までの病気の奮闘記をまとめました。
いろいろとつたない面もありますが、「こんな家族もいるんだな」とか、
「こんな病気もあるんだな」と知っていただけたら、とても嬉しいです。

ちぃりおママ

もくじ

STAFF

デザイン　南 彩乃（細山田デザイン事務所）

イラスト　鈴木衣津子

編集協力　真田晴美

監修　大阪こどもとおとなの整形外科
院長　森田光明

DTP　エヴリ・シンク

校正　鷗来堂

編集　杉山 悠

※小学1年生のりおなちゃんですが、本文内では読みやすくするためにセリフに漢字を多用しております。

RIONA'S PROFILE

♥誕生日　2017年3月3日
♥性別　女の子
♥家族構成　パパとママとお兄ちゃんと私の4人家族
♥パパの好きなところ　おもしろいところ
♥ママの好きなところ　やさしくて、かわいいところ
♥お兄ちゃんの好きなところ　イケメンで、やさしいところ
♥好きなキャラクター　ちいかわ
♥将来の夢　アイドル、事務のOLさん
♥好きな髪型　ちいかわおだんごヘアー(おだんご2つ)
♥飼ってみたい動物　モモンガ
♥ストレス解消法　あま〜いミルクティーとチョコをたべながらスライムをさわる
♥恋愛と友情、どっちが大事？　友情
♥好きな食べ物　お米と上塩タン
♥嫌いな食べ物　フルーツ・ジュース・グミ・ラムネ・アメ・ガム
♥怖いもの　おばけ・ドッペルゲンガー・虫
♥好きな教科　国語、音楽、書写
♥嫌いな教科　算数、道徳（正解がわからないから）
♥興味がない人から告白されたらどうする？　にやりと笑ってやりすごす
♥家族を動物に例えると？　パパ・ゴリラ、ママ・ねこ、兄・さる、りおな・ハムスター
♥自分をお寿司で例えると？　まぐろ。ぜいたくな女だから

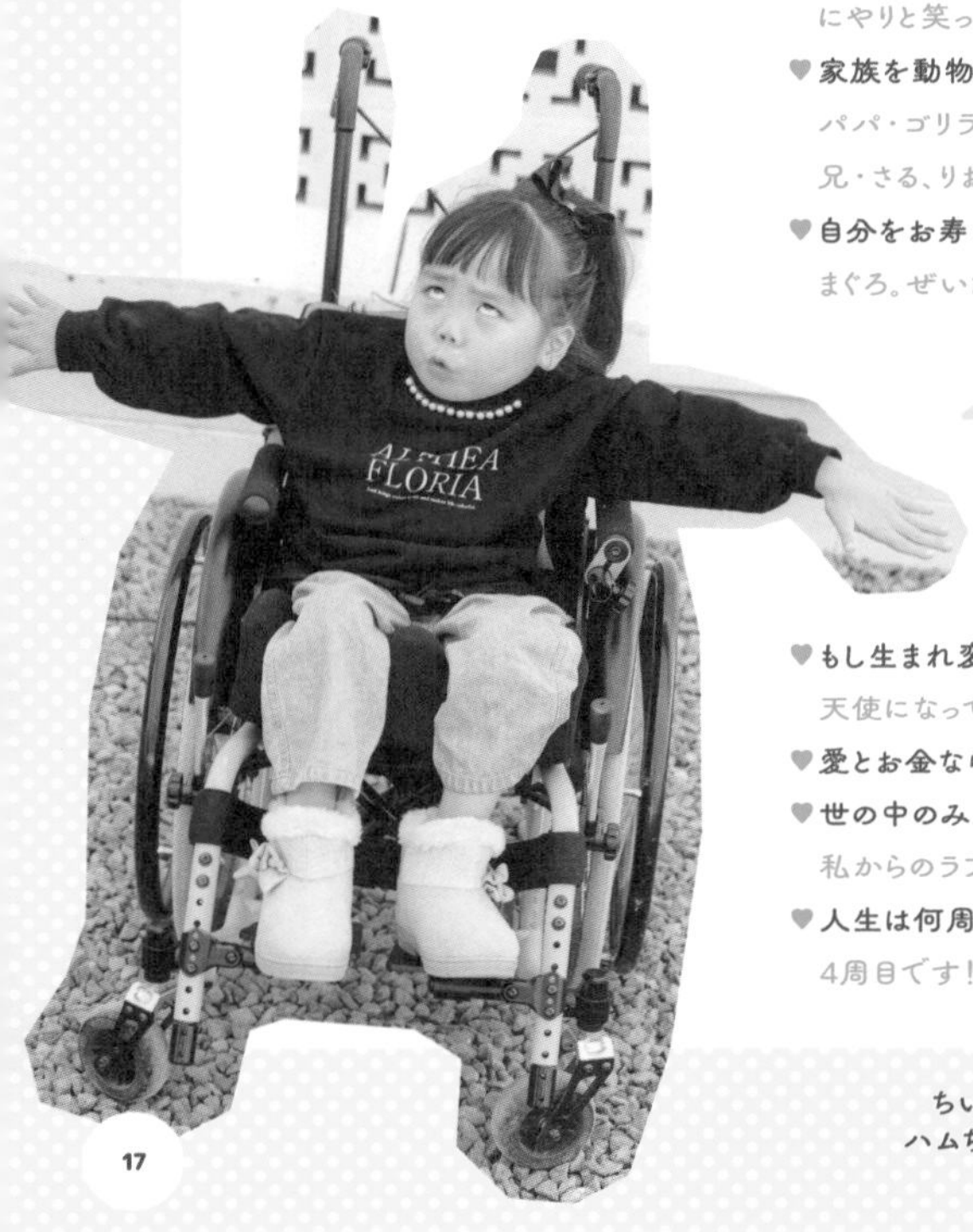

アーリオ
オーリオ
りおちゃんです♪

♥もし生まれ変わるなら　何になりたい？　天使になってみんなを見守りたい
♥愛とお金ならどちらが大事？　愛
♥世の中のみんなに伝えたいことは？　私からのラブですね
♥人生は何周目？　4周目です！

ちいりお
ハムちゃん

RIONA'S PHOTO ALBUM

0 years old

生まれてから現在（6歳）までの
キュートなりおちゃんの
ベストショットを公開しちゃうよ！
あなたはどれがお気に入り？

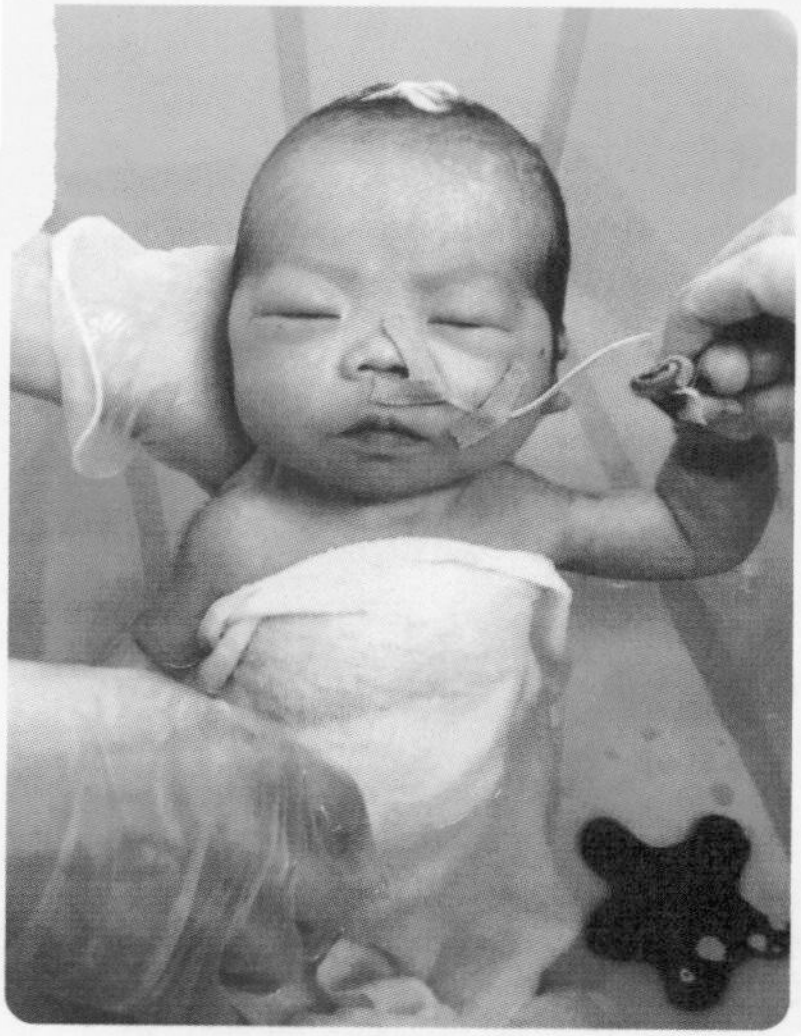

生まれてすぐは
こんなに
小さかったんだね

生まれて初めての沐浴は、NICUの看護師さんたちが丁寧に入れてくれました。

ミルクは飲めないし、飲む気もなかったよね……w

お兄ちゃんと
ハロウィンの
コスプレ！

ひな祭り生まれのりおちゃん。1
歳のお誕生日は初節句と合わせて
お祝いしたよ☆

1
year old

まだつかまり立ちしかできなかったのに、お兄ちゃんに付き合って
毎日公園で立ってたね(笑)。

吸引器の
チューブで
変顔〜〜〜w

2 years old

親戚の結婚式で。初めてのドレスにテンションあがるりおちゃん！

お薬だって
自分で
吸えるよ！

しっかり歩けるようになって、お兄ちゃんと手をつないでよく散歩をしてました♡

白くまさん
みたいでちょ？

クリスマスもついふざけちゃう！
お兄ちゃんとおそろいのサンタクロースで仲良しコーデ。

外遊びは苦手だったけど、
唯一ブランコは大好き！
いい笑顔です☆

カメラを向けられる＝変顔ブームの頃のりおちゃん。お兄ちゃんとは仲良しだけど、性格はけっこう真逆かも!?

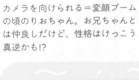

特注サイズの
制服で
無事入園！

3 years old

運動させたくて買ったストライダー。毎秒2㎝しか進まん(笑)。日暮れるわ！

りおは
赤ちゃんじゃ
ないよ

どこに行ってもよくしゃべる赤ちゃんと間違われてた頃。

4 years old

白米大好き!! ばあばの
家ではやりたい放題w

この花火
きれいでしょ?

毎年1回は家のお庭でバ
ーベキューと花火をして
るよ!! ドンキで花火を
選ぶのも大好き！w

5
years old

幼稚園がとにかく大好きだったりおちゃん。毎日るんるんで登園してました。

目をはなすとメイクしてる時が増えた、女子力急上昇中のりおちゃんw

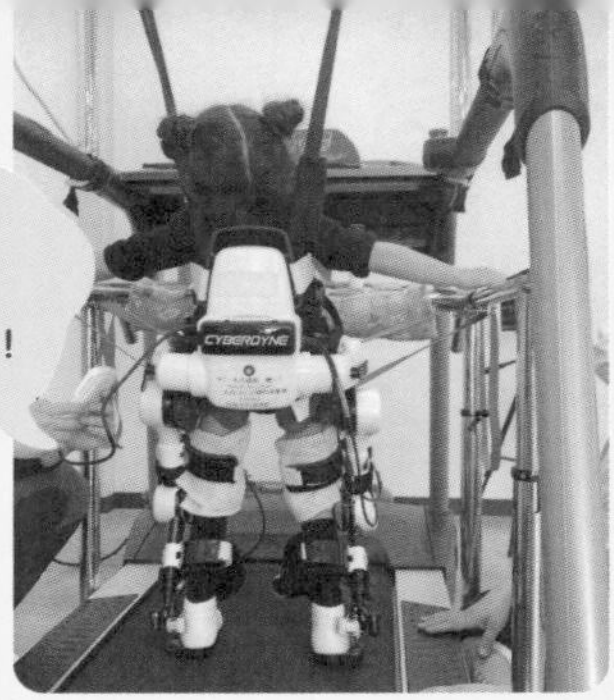
リハビリが
きつくても
弱音は吐かない！

退院後久しぶりの幼稚園。車椅子でもすごく嬉しそうだった。よかったね！

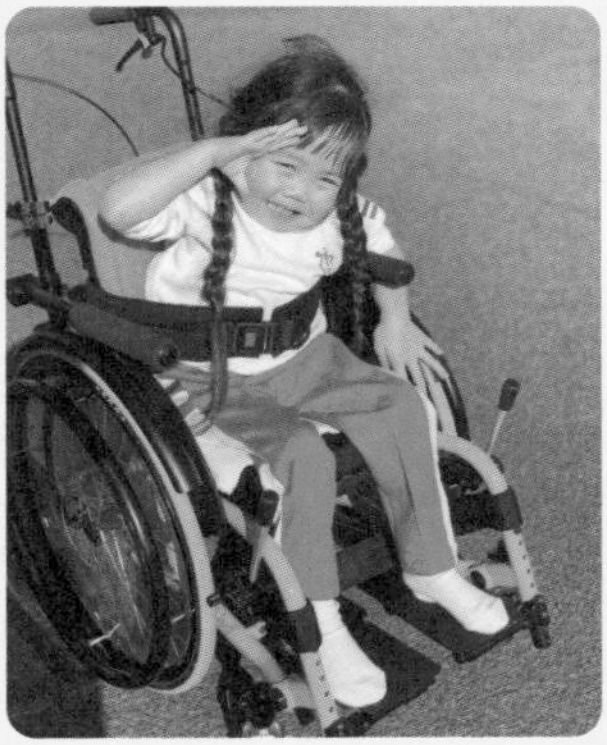

とにかくリハビリに明け暮れる日々。どんなにハードでも音を上げない、がんばり屋さんです。

6 years old

パパと一緒にマージャンに初挑戦！　実はパパがやってる麻雀に興味があったようです（笑）。

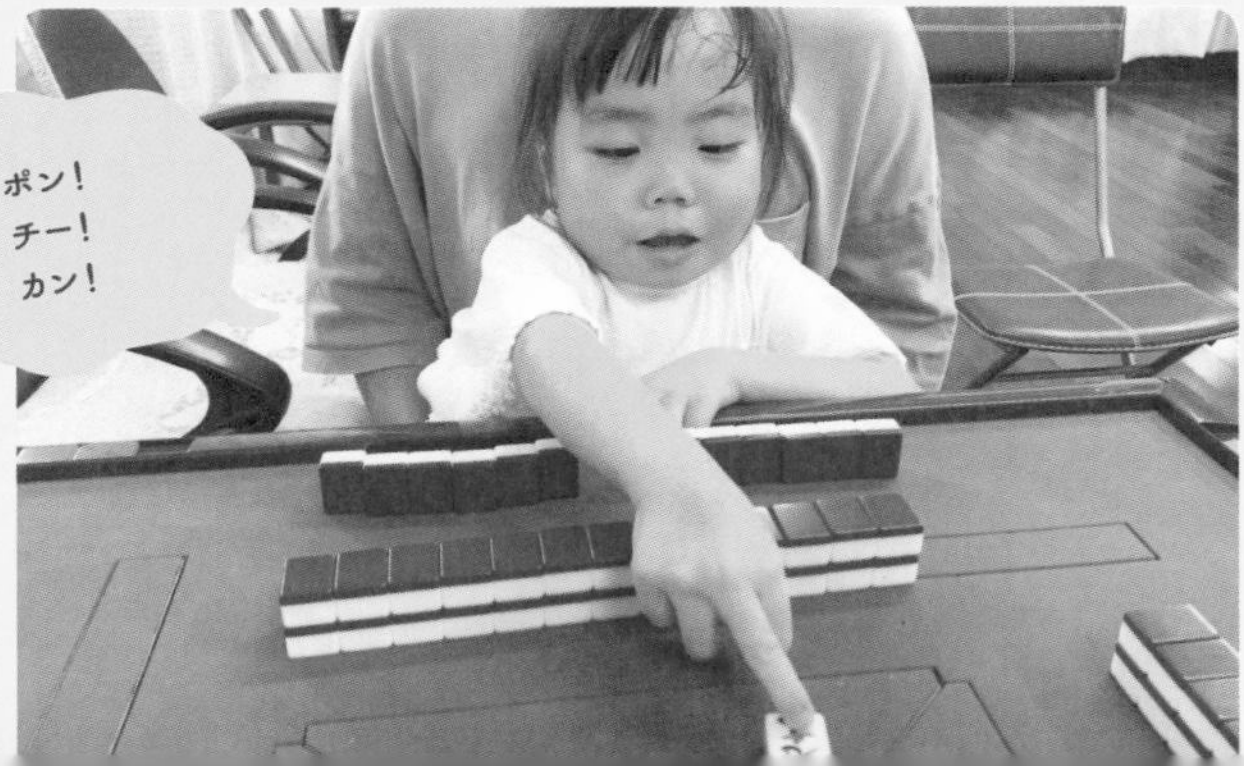

PART 01

独占インタビュー

ちいりお ワールドへ ようこそ❤

こんにちは、「ちいりお」こと、
りおなです！
この本を手に取ってくださり、
本当にありがとうございます❤
いつもユーチューブやインスタの
動画でお話ししているけれど、
ここではじーっくり、
私のことをお話しします。
よかったら、読んでくださいね♪

みんな、
ありがとぺこり♡

いつか牛タンを10枚ぐらい食べてみたい

好きな食べ物は、白米と納豆です。納豆はひきわり派です。
ウインナーとか、牛タンとか、カンパチのお刺身も好きです。
でも、私は体が小さいから、そんなにたくさん食べられません。
お肉や野菜をちょっとだけ食べたらもうお腹いっぱいで、
牛タンも2、3枚食べたらお腹パンパン。
悲しいね。**いつか10枚ぐらい食べてみたいな。**
嫌いな食べ物はフルーツ全部です。あとヨーグルトも食べません。
酸っぱい味と匂いが苦手です……でも、健康にはいいのよね～。
好きな朝ごはんのメニューは、パンにチョコをつけて食べて
余ったチョコを牛乳の中に入れてココア風にして飲むのが大好き。おすすめです！
ママが作る料理はだいたい好きだけど、
一番好きなのはクラムチャウダーです。

（「まあ既製品の粉、使ってラクしてるけど……」と横で恥ずかしがるママに）

そんなことない、ママは粉をちゃんとお湯で溶いてくれるもん！

いつもアップルミュージックで歌を聞いてます

好きなのは、歌を聞くことと、歌うことです。

病院とかリハビリに行く車の中でも、

アップルミュージックで聞いてます。

自分でいろいろ探して、好きな曲があったら一緒に歌ってるから、

車の中でもぜんぜん退屈しないです。

今、好きな曲は、すとぷりさんの「シンドロームラブ」と

メゾン・デ-さんの「トウキョウ・シャンディ・ランデヴ　feat. 花譜, ツミキ」。

ボーカロイドの曲も好きです。

「神っぽいな」とか「強風オールバック」とか、今どきの歌が好きです♥

自分の好きなところは、自分を好きだって信じられるところ

自分の性格でよく言われるのは、がんばり屋さんっていうところです。
明るいのは、生まれつきかな。
自分ではママに似てると思います。ママも明るい性格です。
落ち込んじゃうときもたまーにあるけど、ママといろんな話をして、
がんばろうねって言い合ってます。
自分の好きなところは、かわいくてキュートなところと、
自分を好きだって信じられるところです。
自分の中で、きらいなところはありません。

道徳は正解がわかりません

4月に、お兄ちゃんと同じ小学校に入学しました。

学校の勉強はらくしょうです。小学校レベルは簡単すぎです（ウソです）。

授業もお勉強も楽しくて、特に国語と音楽が好き。
文章を読んだり、書いたりするのが好きです。
音楽もめちゃくちゃ好きで、歌ったり演奏できるのがうれしいです。
ちょっとむずかしいと思うのは、道徳の授業かな。
道徳は「どう思ってるの？」みたいに自分の考えを発表する時間があって、
いろんなことを思いつくんだけど、
どれを言ったらいいのかわかんなくなるときがあります。

正解がないから、むずかしいです。

学校では、仲良しの友だちもできました。
その友だちとは、休み時間に一緒に折り紙したり、お絵描きしたりしてます。
入学したとき、ユーチューブのりおのことを
知ってくれてる人も多くて、めっちゃうれしかったです。
先生も知ってくれてました。
自分もユーチューブやりたい！　って言ってる子もいました。

最近のマイブーム

マイブームはだんぜん、
ちいかわ（マンガ『ちいかわ　なんか小さくてかわいいやつ』）です。
ちいかわのグッズはめちゃくちゃ持ってて、家じゅう、ちいかわグッズ！
ちいかわに出てくる中では、うさぎがいちばん好きです。
「ウラ！」とか「ヤハ〜ッ！」とか「プルャ」とか、
いつも奇声あげてるのが好き。いやされる〜♪
あとは、テープボールを巻くのもマイブームです。
テープの粘着面をクルクル、クルクル巻いていってボールを作って
ボールが大きくなったら、カッターで切って
切った面がニョロニョロニョロ〜ッて広がっていくのを楽しんでます。
あと忙しいとなかなかできないんだけど、
お兄ちゃんとは、よく2人で考えたオリジナルのごっこ遊びをしています。

前にやってたのは、私が悪役になってお兄ちゃんと戦って、
最後に私が勝つっていう話です。
お兄ちゃんはイケメンで、やさしくて大好きです。
あと、ブームじゃなくていっつもだけど、
ママとぎゅーしてるときが、いちばん好きかな。

ユーチューブのネタは自分で考えます

ユーチューブは、車の中でネタを考えることが多いです。
こんな企画やりたいとか、このネタは絶対入れたいっていうのを自分で考えて、
こまかい流れは、パパとママと一緒に考えることもあります。
撮影のとき、台本は書かないで、そのとき考えてやってます。
「おもしろいこと言わなきゃ、っていうプレッシャーはない？」
ってよく聞かれるんだけど、プレッシャーはぜんぜん感じたことないです。
私はすごいおしゃべりが好きで、皆さんに話すのも好きだから。

やっぱり、たくさんの人に見てもらえると、うれしいです。

「あこがれの人」は愛菜ちゃんです！

好きなユーチューバーはスライムの動画をアップしてる、
わそ姉さん（わんこそばさん）です。
あとは、「そうよ〜♪」って言う小田切ヒロさんのメイク動画も、かわいくて好き♥
それ見てたら、勝負メイクをやりたくなったのでメイク動画を作ってみました。
私はド派手なメイクが好き！　あのメイクで婚活してみたいです。
心のライバルは、芦田愛菜ちゃんです。
TikTokのショート動画で愛菜ちゃんを見て、大好きになりました。
そしたら、なんとなんと、24時間テレビ愛は地球を救うで愛菜ちゃんと共演できて、
すごくうれしくて、涙が出ちゃいました。
愛菜ちゃんは、私のあこがれの人であり、永遠のライバルです！（キリッ）

足が動かなくなったときのこと

足が動かなくなったときは、やっぱりすごいショックでした。
立ち直るまではけっこう大変で、人生で一番落ち込んだと思います。
今もすごく落ち込む日もあるけど、治るって信じて、
あきらめないことが大事なのかなって思ってます。
ママはいつも励ましてくれるし、歩けるように一緒にがんばろうって、
治療に協力してくれます。
ユーチューブとかインスタでいろんな人が応援してくれるのも、
すごく励みになります。
そういうのを見ると、やっぱがんばんなきゃなって思うし、
ユーチューブとかインスタやっててよかったって思います。

目標を決めたら、がんばれます

今は足を治すために、リハビリに通ってます。
めっちゃきついけど、リハビリしてるときの自分はがんばってるなぁと思います。
「どうしたら、りおなちゃんみたいにがんばれるの？」
って聞かれることもあるんだけど、
大変なときも、自分で本当にやりたい目標を作って、
こういうふうになろうって決めたら、がんばれます。
ママとも、「足を治すのを絶対あきらめない」って約束してます。
先生とかトレーナーさんがやさしくて応援してくれるのもうれしいです。
私も今はまだ足が動かないけど、みんなに応援してもらってパワーをもらって、
これからもがんばっていけそうです。

大好きな「珠代姉さん」と会えた！

ユーチューブとかTikTokをやっているおかげで、
大好きな吉本新喜劇の珠代姉さん（島田珠代さん）に会えたんです！
まさかまさか、本当に会えるなんて夢にも思ってませんでした。
「りおなと珠代は神様からお仕事をもらってるから、
みんなを笑顔にする発信をこれからも続けないとね！」
珠代姉さんが、こう言ってくれたのも、涙が出るほどうれしかった。
あと、ユーチューブチャンネル「現代のもののけ姫Maco」の
マコちゃん（渋谷真子さん）にも会えました！
あこがれのマコちゃんは、やっぱりかわいかったな……。
今、直接会ってみたいなーって思うのは、Snow Manの目黒蓮さんです。
顔とか髪と声が、好きです。
それを言うと、パパはすぐ「もうそれ以上その話すんな」って言います。

絶対やきもちよね〜。

目標は、歩いてみんなと旅行に行くこと

今の私の目標は、歩いてみんなと旅行に行くこと！
東京ディズニーランドとＵＳＪに行きた〜い！
あと、将来の夢はアイドルです。
ステージに出て、歌いながら踊るアイドルになってみたい。
ユーチューブをやってるときも、テレビに出たときも、
最初のころはけっこう緊張してたけど、
ちょっとずつ慣れてきて、今はあんまり緊張しなくなりました。
だから、きっと大丈夫だと思います。
将来は、困ってる人の役に立てるような人にもなりたいです。
いつもは自分が支えられてるから、今度は私も人を助けたいなって思う。
それと○Ｌになって、事務やって、婚活して、結婚するのもいいな。

勝負メイクは忘れずにね！

パパは、「りおなは結婚してもいいけど、結婚するときはパパもついてくから」って、いつもマジメな顔で言います。こわいよ〜！

りおなの幸せ

「りおちゃん、今幸せですか？」って人から聞かれることが多いです。

はい、幸せです！　それはなんでかって言うと、

家族で一緒に生きられることが何よりうれしいからです。幸せ……♥

では皆さん、今日もさわやかに麗しく生きていきましょう♪

七変化♥
ラブリー変顔集

なんや?
やんのか?

ひな祭り〜!

この格好も
似合ってる
でしょ?

びよ〜〜〜〜ん

みなさーん!
暑い夏が
きましたよ!

イエ〜〜イ

スネる時は
ここで
こう!!
はあ〜〜やれやれ
幼児クラブ
たのしい〜♪
あっかんべー
全力で
怒って
おります!!
風を感じるぅ〜

浴衣姿を
スマホで
自撮り中♪
くわっ!!!
入学式でも
やっちゃうよ!
風呂あがりの
一杯は
さいこぉ〜♡
ウッホ
ウッホ
ウッホッホ
ぴよ〜〜〜〜ん
サムネ迷うなぁ

アイーン
変顔連写♥いつでも準備OKです
パパ直伝！
お笑いの技は
常にみがいてます
ALTHEA FLORIA
よりよりより〜目！
本気のゴリラを
お楽しみ
ください♪

PART 02

一問一答

教えて！りおなちゃん

編集部さんからの質問に、
私がバシっと答えていくよ❤
むずかしい質問もあって、
けっこう悩んじゃった！
でもぜんぶ正直に答えているので、
今の私の思いがつまってます！
でも、りおは成長してるから、
1年後、2年後には
いろいろ変化しているかもしれない。
そこも楽しみにしてくれると
うれしいな❤

アイドルは25年は
やる予定です

りおな自身のことぜんぶ！

自分の性格を一言で表すと？

明るい

自分の一番いいところはどこだと思う？

かわいいところ、自分を信じられるところ

自分をお寿司で例えるなら何寿司になりますか？

まぐろ。ぜいたくな女だから

あなたのストレス解消法は？

あま〜いミルクティーと
チョコをたべながらスライムをさわる

いい女になるために、普段から努力していることはある?

いつも明るくハッピーでいること

あなたのヒーローはだれ?

珠代姉さん

好きな髪型は?

ちいかわおだんごヘアー(おだんご2つ)

髪がサラサラな秘訣は?

ママのトリートメントとヘアオイルを使うこと

暑いのと、寒いの、どっちがいいですか?

寒いの。
暑がりだから

ファッションにこだわりはありますか？

ふりふりとかキラキラのついた
女の子らしい服が好きです♪

自分が好きな洋服をデザインできるとしたら、どんなのにする？

ちいかわの絵がいっぱいついてるやつ

素直になれないのは、どんなとき？

いつも素直だからなあ……

人生は何周目？

4周目です

学校にまつわること

学校は楽しい？

たのしい――！　友だちと遊ぶのが好き！

好きな教科ある？

国語・音楽・書写

嫌いな教科は？

算数・道徳（正解がわからないから）

生き方、マインドについて

恋愛と友情、どっちが大事？

友情

面白い人とお金持ちの人、どっちがいい？

どっちもいいけど〜
できたらお金は持っといてほしいな

あなたの思う「いい女」って、どんな女？

笑顔がステキな人

世の中のみんなに伝えたいのは、どんなこと？

私からのラブですね

秘密の恋愛事情♥

好きな男性のタイプは？

イケメンで、やさしくて、仕事できて、ご飯つくってくれて 強くて暴力ふるわない、洗濯やってくれる、家のことまかせられる人！

愛とお金ならどちらが大事ですか？

愛

結婚したいと思う人はいる？

めめ！（目黒蓮さん）

興味がない人から告白されたらどうする？

にやりと笑ってやりすごす

デートするなら、どこに行きたい？

ドンキ

こんなデートはイヤや〜！　というデートは？

おなじとこばっか行くデート

あなたの思う「いい男」って、どんな男？

イケメン

自慢の家族

家族を動物に例えると、それぞれ何だと思う？

パパはゴリラ、ママはねこ、
みなと（兄）はさる、りおはハムスター

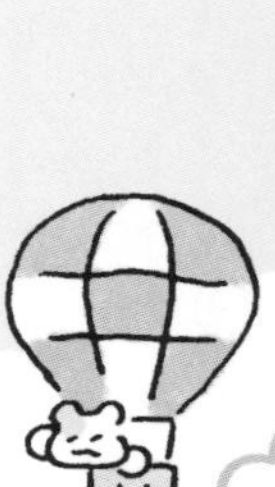

お父さんやお母さんから怒られることはありますか？

たまにね

忘れたくない思い出はありますか？

**毎年家族で遊園地に行ったこと、
そのままホテルにお泊りしたこと**

お兄ちゃんの好きなところは？

**イケメンでやさしくて、いつもいっしょに
遊んでくれるところ**

何をしているときが一番幸せ？

**お兄ちゃんと一緒に遊んでるとき、
ママとぎゅーしてるとき**

パパの好きなところを3つ教えて！

1 やさ……しい……ところ？

2 家族のなかでは背が高い

3 変顔がおもしろい

私の愛

両親にわかってほしいのは、どんなこと？

興味のあること・好きなもの！

今、欲しいものは？

すみっコぐらしのカメラ

飼ってみたい動物は？

モモンガ

いつもどんなユーチューブを見てますか？

スライムのASMR

これを聞いたら気分が
アガるっていう曲は？

YOASOBIさんの「アイドル」

好きな映画は？

クレヨンしんちゃんの映画はどれも好きです。
大阪行くときいつも見てる！

好きな食べ物は？

お米と上塩タン、カンパチ、ひきわり納豆

嫌いな食べ物は？

フルーツ、ジュース、グミ、ラムネ、アメ、ガム

マイブームはありますか？

お風呂でパパにホットタオルを作ってもらって、
それをアイマスクみたいに目に押し当ててもらうの。
いやされる〜！
入浴剤はラベンダーのエプソムソルトでお願いします♡

好きな歌手やアイドルは？　どんなところが好き？

YOASOBIさん。「夜に駆ける」を聞いたときから好き。

声がきれいすぎる！

好きなキャラクターは？

ちいかわの「うさぎ」

最近もらって嬉しかったものは？

韓国みやげのちいかわのキーホルダー

好きなお店はありますか？

ちいかわ飯店（期間限定のため現在は終了）

旅行で行きたい場所は？

ＵＳＪと東京ディズニーランド

苦手なもの……

怖いものはありますか？

おばけ、ドッペルゲンガー、虫

これだけは絶対ムリ！　って思うことは？

虫はむり～

出たら泣いちゃう

自分がもう１人いたら、どう思いますか？

こわい。しんじゃう！

将来のお話を少しだけ！

大人になったらやりたいことは？

働いて自分でかせいだお金を自由に使ってみたい！

将来、どんなママになりたいですか？

**子どもを怒らなくて、
自分のことは自分でやれるママ**

もしもシリーズ

もしも学校の先生になったとしたら、生徒たちに一番教えたいことは？

愛とやさしさ

もしも東京ドームでライブをすることになったら何を歌いたい？

プライデーロンディー（作詞作曲りおな）

もしも生まれ変わるなら何になりたい？

天使になってみんなを見守りたい

もしも宝くじが当たったら何に使いますか？

おっきい会社を作って社長になる！

もしも永遠に生きるなら何をしますか？

都会の女になる

もしも昔に戻れたらって思うことある？　あるなら何歳に戻りたい？

ある～。２さいに戻りたい。

２さいのりおちゃんかわいすぎる！

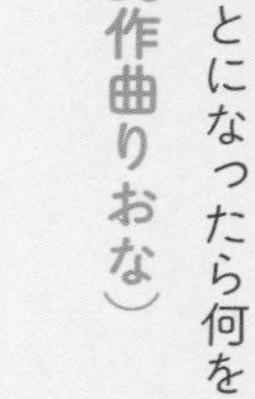

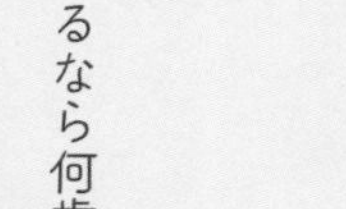

お気に入りの写真を見せてください。

見てください、この2さいのりおちゃんの写真！（笑）

もしもちいかわが話せるとしたら、自分になんて言うと思う？

かわいいね、だいすきだよ！って、きっと言ってくれる♥

読者へのメッセージ！

自分のことが本になるのはうれしい。
私のこといっぱい知ってもらいたいです！
これからもずっとずっと私のそばにいてください！

オトナのお悩み、相談に乗ります♥

この本の編集部の方と話していたら、
「りおなちゃんってオトナっぽいから、
オトナの悩みにもテキパキ答えてくれそう。
ぜひ先生になった気分で、
編集部に来たお悩み相談、おねがいしますっ！」
っておねがいされちゃいました。
わかりました、私にお任せください！

Q どうやったら爆食いを抑えられますか？

（24歳・女性より）

今ダイエット中なのに、ストレスがあると、つい爆食いしちゃいます……。

A 仕事しすぎないように気をつけたらいいと思います

りおは、爆食いはあんまりしないです。爆食いしちゃう前に、ストレスをなくしたらいいのかなと思います。ストレスがあるなーと思うときは、家に帰った後、いったん心を落ち着かせるようにしてみてください。朝起きた時から、今日はがんばりすぎないぞって、自分で決めたらいいんじゃないかと思います。

Q ママ友と性格が合いません……。

（45歳・女性より）

ママ友に苦手な人がいます。いつも「私の方が上よ」って感じで、超めんどうくさいです。子ども同士は仲がいいので、お友だちのふりをしているけど、ほんとはぜんぜん好きじゃありません……。

A 「人は人、自分は自分」でいきましょう

無理して合わせる必要はないと思います。自分の気持ちと合う人と付き合った方がいいから。私も合わない人はいます。でも、別に付き合いはしません。人は人、自分は自分なんで。子どもは子ども、親は親でもいいんじゃないかと思います。

あがり症を直せますか？

（39歳・女性より）

うちの子どもは恥ずかしがり屋さんで、人前で話すのがとても苦手みたいです。どうしたら、りおなちゃんみたいに、人前で堂々と話せるようになりますか？

自分を好きになって、信じてみて！

自分を好きになって、自分を信じてやってみたらいいと思います。自分を好きになるには、どうしたらいいかって？　うーん、自分で決めた約束をちゃんと自分で守ることが大事って思います。「今日は絶対、勉強やるぞ！」って決めたのに、やらなかったら、自分のことを好きになれないから、自分で決めたことは、嫌なこととかめんどうくさいこともがんばってみるといいよ！

子どもが勉強しません！

（40歳・男性より）

うちの子どもたちが自分から勉強してくれません。「宿題したの？」って何回か言ってようやく、しぶしぶ始めます。親としては言われなくても自分からやってほしいんだけど、なんて言ったら自分からやると思いますか？

子どもといっしょにごほうびを考えてみる

ごほうびを自分で考えさせたらいいかも！　宿題をがんばったら、こんなごほうびがあるよって、子どもといっしょに決めとくの。子どもも、自分で決めたごほうびのためならやると思います。りおは、宿題はさっさとやっちゃいます。だって早く終わらせた方が後でゆっくり遊べるし、休めるでしょ。だから「もうやっちゃえ！」って勢いでやっちゃいます。夏休みは宿題も多かったけど、もらった日に学校でちょっと進めちゃった。その方が、夏をエンジョイできるしね～♪

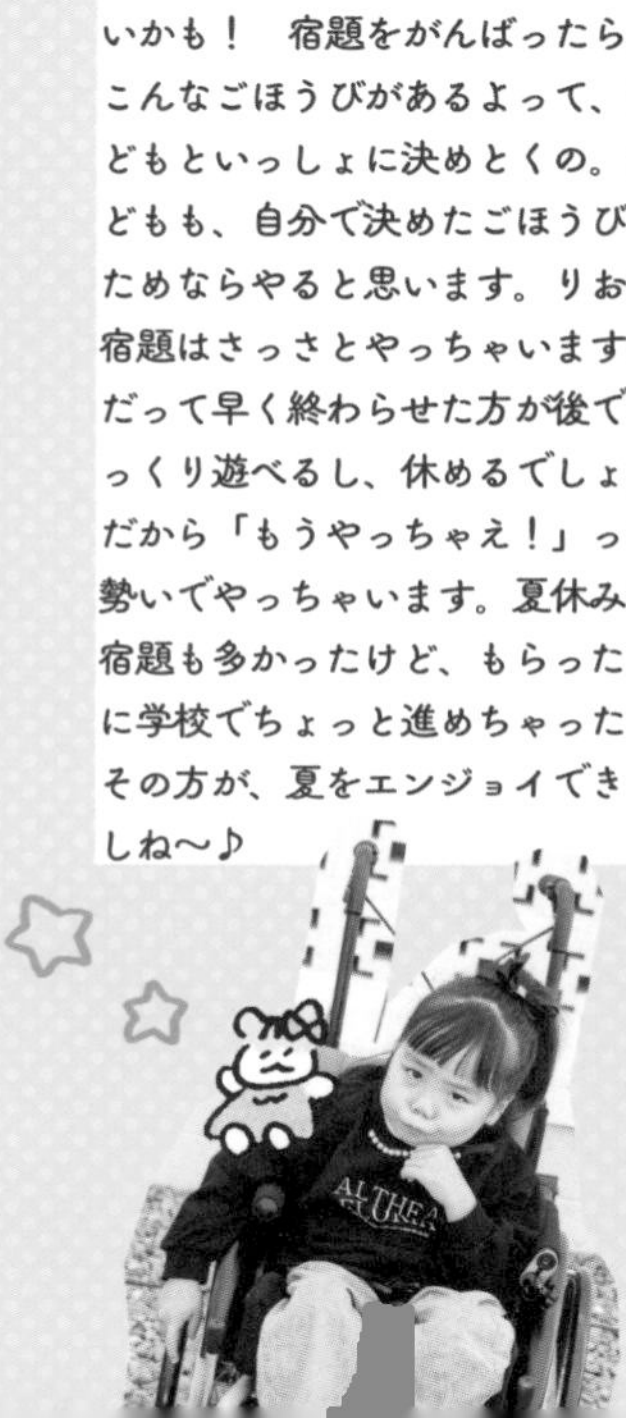

イライラしちゃうのどうしたらいい？

（16歳・女性より）

最近、親の言うことに、いちいちイライラしちゃいます……。

スライムとか、色水遊びがおすすめです

スライムみたいな触り心地いいやつを触っていやされてください。色水を作るのもいいよ。私は、自分が怒ってるときはそうやってやり過ごしてます。あとパパをお説教する動画を撮ると、実はちょっとだけすっきりします（笑）。

告白する勇気がありません……。

（19歳・男性より）

１年間ぐらい、ずっと好きな人がいます。自分から告白する勇気がなくて、うじうじ悩んでます。

「一緒に遊ぼう」って声をかけるといいかも

それは絶対、自分から言った方がいいです！　やっぱり自分の気持ちは言わないと伝わらないから、りおだったら自分から言います。最初は、「一緒に遊ぼう」って声かけてみたらいいと思うな。

失敗したとき、どうしたらいいと思いますか？

（27歳・男性より）

仕事で大きなミスをしました。失敗したときって、りおなちゃんは気になりますか？　立ち直り方や、気分を切り替える方法があったら教えてください。

もう1回やってみたら成功するかもしれないって考える

失敗したら、りおも気になるけど、ピッと立ち直るのが大事。今度こそは成功すると思ってみてください。もう1回やってみたら成功するかもしれないので。成功するのかしないのかを怖がってたら、何もできないし、やっぱりチャレンジが大事だと思います。まず、やることが大事！　やるかやらないかで決まる！　最近のりおのチャレンジは、ユーチューブの「勝負メイク講座」でした！

Q

どうしたら家族の仲が良くなると思いますか？

（50歳・女性より）

家族があまり仲良くなくて、家ではケンカばっかりです。どうしたらりおなちゃんのお家みたいに家族が仲良くなると思いますか？

A

皆が穏やかにしゃべるといいかも

皆、笑顔でいることが大事だと思います。うちは、パパが変なギャグをやったり、りおと一緒にお笑いのネタを考えたり、一緒に変顔したり、いっつも笑い合ってます。だから皆さんにも変顔はおすすめです。あと、家でも皆が穏やかにしゃべるようにしたらいいですよ。それと、りおはケンカしちゃったときは、なるべく早めに「ごめん」って謝るようにしてるよ。意地張っちゃうと言いづらくなっちゃうけど、仲良くしたいなら、仲良くしたいって気持ちをちゃんと伝えることが大事かな。

Q

どうしたらお金を貯められますか？

（38歳・男性より）

私はすぐに欲しいものを買ってしまって、気づいたらお金が減っています。どうしたらすぐに買わないで、がまんできると思いますか？

A

お財布に入れないで貯金しちゃおう

やっぱりお財布にお金を入れないで、貯金しちゃうことかな？　貯金したらすぐ使えないから、そもそもお金をお財布に入れないようにするといいかも。私はほしいものがあったら、自分のおこづかいで買うんじゃなくて、ママに買ってもらいます。「これ買ってくれたら、〇〇めっちゃがんばれるぅ〜♥」って目キラキラさせて、かわいくあざとく言うのがポイントです（にやり）。

PART
03

お説教炸裂!?

イクメン(?)パパへもの申す!

パパと私は
いつも変顔し合ったり、
パパにギャグを教えてもらったり、
「ユーチューブで何する?」とかよく
話してるんだけど、ときどき
「パパって本当はどんな人?」とか、
「パパのこと、どう思ってる?」っていう
質問をいただきます。
この際、パパのことをどう思ってるかを
パパと私の対談でばっちり
お伝えしたいと思います。

デートの時は
ごはんとコスメ、
おごってなっっ！

りおな（以下り）ということでパパ、よろしくお願いします。
パパはこういうの初めてでわかんないかもしれないけど、
何でもりおに聞いてね！

パパ（以下パ）なんや、自分は取材に慣れとるみたいな先輩面しとんか？

り　まあまあ。

パ　なんか腹たつけど、まあええわ。
じゃあ、編集部の方やフォロワーさんから
いただいた質問を、パパからりおなにしていくよ。第1問。

イクメンですか？

パ　これは完全にそうです。　はい、次！

り　**違います。イクメンじゃないです。**

パ　え〜、はっきり言うなよ。これはパパが悪いんじゃなくて、

わかってて質問する編集部の人が悪いよね。

り　いや普通にパパが悪いよね。

パ　……じゃあ、次いきます。

パパに点数をつけるとしたら何点？

り　12点。

パ　即答したな。それ何点中？

り　100点中。

パ　100点中12点？　めっちゃ低いやんけ！　理由は？

り　あんまり子ども心をわかっていない。

パ　わかっとるやん？　パパ。

り　わかってないよ。あれぐらいでわかっとるとは言えないよ。
あと、あんまり子育てをしていないから。あれぐらいじゃあ……ね。

パ　あれぐらいってなんやねん、あれぐらいって。
でも、そんなパパにしっかり育てられよるやん、あなたも。

り　いいや、そのぐらいで育ててるとは言えないよ。

パ　ほんまか。でも12点はやっぱちょっと低すぎん？　具体的に言うてよ。

り　いや、12点です。しっかり12点。理由はこれからわかります。

パ　12点か〜。じゃ、パパはもうちょっとできると思いますか？

り　はい、もうちょっとできると思います。
これからがんばってください。

パ　自分では95点と思ってたから、パパもう伸びしろないで。
この先の質問を聞いてみて、点数あげてくわ。
じゃあ気を取り直して、次いきます。

パパに直してほしいって思うところはありますか？

り　プロスピ（プロ野球スピリッツA）、アンインストールしようね♪

麻雀の時間、守ろうね♪　お菓子はやめようね♪
このろつを守ってほしい。

パ　これ全部やん。パパの娯楽、全部やん。
だって、パパの娯楽がいるやん！

り　きみは娯楽が多すぎるのよ！

パ　いや、せめてプロスピは置いといて！

り　じゃあ、プロスピ置いといてあげるから、麻雀やめてくれる？

パ　麻雀も置いといて！　お菓子はちょっと我慢するわ。ちょっとずつな、ちょっとずつ。な？　人は娯楽を一気になくすことはできんのじゃ……。

り　（黙って目を細める変顔）

パパは甘いですか？　厳しいですか？

パ　あ、次の質問はいいね。
「パパはりおなちゃんに甘いですか？　厳しいですか？」

り　甘い！　とてもとても甘い。

パ　パパ、そんなにりおを甘やかしとるかな？

り　とても甘やかされてる。

パ　ちょっと待て。お前が当事者やで？
第三者の甘やかしみたいに言っとるけど。
じゃ、どんなことで自分は甘やかされてるって感じる？

り　すべて許されとるとこ。

パ　ま、確かにそうかも。
パパ、りおのこと割と何でも許しちゃうもんな。

パパのいいところ、好きなところ、かっこいいところは？

パ　これはあるで。な？

り　まず、かっこいいところはなくて〜。

パ　あれよ！　麻雀しよる時の顔がかっこいいとか、いろいろあるやろ。

じゃあいいところは？

り　いいところは、エアコン下げてくれるとこ。

パ　ちっちゃ！
まあ、りおがよく「暑い暑い」言うけん。

り　地球のためには18度はいかんって言われてるけど、
パパはりおのために18度にしてくれる。

パ　うん、それはまあ、ええところやな（照）。

り　好きなところは、やさしいところ。

パ　そうやな（照）。

り　**がんばってくれるとこ。**

パ　いいこと言うやん〜！
これは、しっかり書いとってください。
これだけは！　太字で！　編集部さん、頼みます！

り　はい、次！

パパは、頼りがいのある男ですか？

り　**頼れません。**
今まで見てて、頼れると思ったこと1回もないです。

パ　そこまで頼れんのかい！　でもりおが結局最後に甘えるのは、パパやん。

り　それとこれとは別です。

パパと一緒にやりたいことはある？

り　うん、あります！

パ　あ、いかんいかんいかん。それはいかん。
M－1グランプリとかはだめよ？　もらったコメントで見たやつやろ？
親子でM－1出て欲しい、みたいな。

り　M-1、出たーい!

パ　いいや、パパは芸人さんへのリスペクトが強いけん、素人の出場は反対。

り　もう、2人でできると思ったのに!

パ　家でやろう。家で2人で漫才な。

パパに言われて、嬉しかったことはありますか?

り　無《な》~。

パ　無~ってなんや。嬉しかったことあるやろ、パパに言われて。
パパ、いっつもりおのことめちゃめちゃ褒めるやん。
りおはかわいいとか、めっちゃすごいやんとか。

り　あれ、ほんまのことなん?

パ　あ、信じてなかった?
言葉に気持ちが入ってないってこと?

り　根性が足りてない。全然足りてないよ。

パ　根性が足りてない？　褒めるときに根性？
そうか〜それは確かにないかもわからん。

り　まあでも、よく見ててくれて、よう気づいてくれるなとは思ってる。

パ　そうなんか。

なるほど！　とか、さすが！　とパパに思ったことはある？

り　**いやー、無いな。**

パ　「無い」ばっかりやん！（泣）

り　無いよ。パパも自分でも思ったやろ。

パ　ようけあると思うけどな。
ま、パパもこれは今出てこんけん、許してやろう。

10年後のパパにどうなっていて欲しい？

り 自分で考えて行動できるようには、なってほしいです。

パ 何よそれ。しよるわ。今も自分で考えて麻雀行っとるわ。

り そういうことじゃない。自分の娯楽に気をつかうことじゃない。

パ 違うの？ ママのこと手伝ったりとか？

り そういうこと、そういうこと。

パ 子育てをやったりとか？ 言われてやるんじゃなくて？

り **言われなくてもやる！**

パ あ、はい。

り なんか軽い返事やな。

パ 嫌な上司みたいな言い方すな。しっかりわかっとるよ。

目黒 蓮さんとパパ、結婚するならどっち？

り　**は？　目黒 蓮さんとパパ？　はぁ～？**
それはもちろん、目黒 蓮さん～♥（とろける）

パ　はい、これは質問が良くないね。良くない質問ですよ、これは。
どこでアンケートしても100対0やろ。
どのパパもかなわんで。はい次！

好きな男の子はいる？

り　うーん。いない。いない。

パ　いないな？　いないよな？　おったら大変やで！

デートするならどこに行く？

パ 「パパとデートするなら、どんなところに行きたいですか？」だって！

り パパとデート？　じゃ、ドンキ。

パ うーん、ええけど、ドンキは今もパパとよく行ってるとこやん。
なんかもっとこう、デートっぽいとことかないの？

り ゲオとか？

パ 田舎者！　おしゃれカフェとか、雑貨屋さんとか、そういうこと言えよ！

り ゲオはゲームあるから行きたいんよ。

パ そうなん？　まあ、りおなが行きたいところだったら、どこでもええか。

サプライズデートで、女の子は何をして欲しいと思う？

パ 難しいな。サプライズデートって何や？

り　ずーっと欲しかったおもちゃをくれるとか？

パ　買うてって言ってないのに？

り　うん。サプライズでくれるの。

パ　確かにサプライズやね。でもさあ、サプライズデートってワードがちょっとダサいね。「この前、彼とのサプライズデートでさ」って言うてな！（笑）
……あ、パパちょっといらんこと言うたね。

り　本当、いらんこと言うてしもたで。
みなさん、この人が申し訳ございません。

パ　すんません、次行きます。

夫婦が仲良くいるにはどうしたらいい？

パ　お父さんとお母さんが仲良くしとくためには、どうしたらいいと思う？

り　ようしゃべることかな？

パ　ああ、大事やな。パパとママはようしゃべりよる？

り　うん。ようしゃべりよる。めっちゃ、ようしゃべりよる。

パ　そうかな？

り　うん。りお、それはちゃんと頭に入れています。
ユーチューブのネタにも取り入れてますよ。

パ　そうですか。それは何よりです。

今度のママの誕生日プレゼントは、何をあげる？

パ　パパはママにどんなプレゼントあげたらいいかな？

り　いっつもやってないもんな。

パ　ケーキ買いよるやん、パパ。

り　**ケーキだけじゃダメなんよ！**

パ　ケーキだけじゃダメなの？
じゃあ、りおがママだったら、プレゼント何欲しいの？

り　りおがママだったら？　おもちゃ欲しいな。

パ　それ、ママやなくて、りおやん。

り　あ、新しいスマホかな？　ママのスマホ古いもん、買ってあげて。

パ　そうやな。たぶん全ユーチューバーの中で一番古いiPhoneで撮影しよるよ。故障しとんかぐらい、ロード時間長いんよな。

パパとの一番好きな遊びは？

パ　次の質問。「パパとの一番好きな遊びはなんですか？」

り　一番好きなのは、お笑いごっこ。

パ　あ、お笑いごっこね。それは好きね。お笑いの練習みたいなやつやな。パパ厳しいやろ？　お笑いに関しては。

り　厳しい？

パ　「今の違う！」「そこ違う！」とか言うやろ。

り うん、でも楽しいよ。

パ パパが唯一りおに厳しくするところよな。
あ、厳しいつながりでこの質問はどう?

パパに優しいバージョンの動画を撮るのはどうですか?

り 実は今、考え中です!

パ パパ甘やかし動画? 誰見るの、それ?

り 私ががんばって考えたものに文句言わない。

パ わかったわかった。うん。やったらいいわ。
すごい嬉しいわ、パパもそれは。

メディア出演でパパに変化はあった?

パ ユーチューブ始める前と後で、パパなんか変わったかな?

り　うーん。ヒゲが濃くなった。

パ　**それ、時間帯。**

り　昼間もヒゲ濃いけど？

パ　**体質や！**

り　ヒゲじょりじょり。
うーん、あとはね、なんかテレビの取材のときとかに、
なんかめっちゃ、やることやってますよ感を出してました。

パ　**やっとるやろ！**

り　いや、特に何もやってないのに「やってますよ感」だけ出すの。
取材の人たちが来たときになんかソワソワしだして、空気だけ出すやろ。

パ　**確かに。しらこい顔して出してるかもわからん、パパ。**
普段いつも寝よるのに。
取材の人が来たらさすがに寝られんしなパパも。

り　寝よるわ！　パパは取材の人が来ても普通に寝よるやん。

パ　普通に寝よったな。
いつも通りでいいですって言われて普通に寝よったな。

り　空気だけ出してな。

パ　雲行きが怪しくなってきたから、次行こうな。

パパのつくる料理で好きなものはありますか？

パ　うーん、パパ料理つくってないから、これはないかもね。

り　ないです！　以上。

パ　あ、でもチャーハンとかあるやん、冷凍の。

り　**そういうの、やめてくれます？**

パ　皿に移したりするやん。

り　それ、ほぼつくってないから。

パ　でも、組み合わせのセンスはええよな？

り　組み合わせのセンス？　別に悪いわ。茶色の塊やん。

パ　茶色が一番おいしいんだよ……。
次の質問いこ。もう少しやで。

褒めてほしいのはどんなところ？

り　お笑いがうまくなったところかな？

パ　うーん、まだです。師匠の基準では全然やで。

り　は？　私が師匠よ。

パ　あ、そうか。「私が師匠」か？
頑張っとるもんな。練習してな。絶対せんでええ練習やけどな。
じゃ、最後の質問です。

麻雀やりたいですか？

パ あ、お前、絶対好きやろ、麻雀！　麻雀好きやもんな？

り ……うん、やってみたい。

パ めっちゃおもしろいで。

パパが教えたる！　まずはドンジャラからや。

り わーい、ドンジャラやりた〜い！

あれ？　りお、いつの間にかパパに引き込まれてない!?

パ ついでにプロスピも一緒にどう？

PART 04

家族の成長記録

ちいりおママの泣き笑い奮闘記

2017年3月3日に
生まれた、りおな。
でも、りおなが生まれる前には
いろいろ大変なことがありました。
生まれた後も、ハプニングだらけ。
りおなが生まれる前から
一番そばで見守っていたちいりおママが、
生まれてから現在までの
娘の成長をまとめました。

いつもいっぱい
頑張ってくれて
ありがとう

第一章

死線を潜り抜け、ついに我が子誕生！

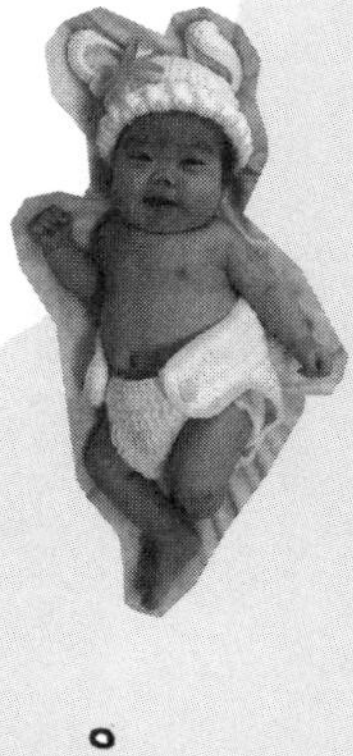

「この子は生まれてこられない」と言われた子

りおなの妊娠がわかったのは、長男の育児休業が終わって、私が仕事復帰してすぐの頃でした。

長男が生まれて2年後だったので、ちょっと早いかな……と思いつつ、子どもが2人欲しいと思っていた私たち夫婦は2人目の妊娠を心から喜んでいました。

しかし、産婦人科で正式に妊娠を告げられたこの記念すべき日に、私たちは超ハードな1日を過ごすことになります！

その日、ちょうど高熱を出して寝込んでいた長男が、夜中に熱性痙攣《けいれん》を起こしたんです。慌てて救急車を呼んだものの、私はパニック状態でした。

子どもの痙攣を体験したことのある方ならわかると思いますが、小さな子どもが白目をむいて、泡をふいて、全身を反り返らせながらガクガク痙攣し続ける様子は

尋常ではなくて……。

我が子のそんな姿を見ていたら「落ち着いて」と言われても無理でした。このまま
どうにかなっちゃうんじゃないかって、私は半狂乱になりながら救急車に乗っていましたが、結局息子は1時間以上も痙攣し続けていました。

一晩入院した長男は、薬で痙攣は止まったものの、退院してからもずっと食欲がなく、歩けばふらふらして転び、しまいには1人でお座りもできなくなっていました。

明らかにいつもとは様子が違うので、これはおかしいと思い再び地元の病院に入院していたところ、また意識を失い、痙攣を起こしました。慌てて検査をしたところ、ただの熱性痙攣ではなくて「痙攣重積型急性脳症《のうしょう》」という難病だったことがわかります。

痙攣と脳の傷害をおこす、原因も治療法もわかっていない病気です。そして病院の先生には、70%以上の確率で知的障害が残るだろう、と言われました。

長男はその日から隣県の病院にあるPICU（小児集中治療室）に入院することに

なり、私は仕事を休んで病院の近くに泊まり込むことに……。

妊婦検診で「亡くなる可能性が高い」と告げられる

お腹の赤ちゃん（りおな）の妊婦検診をしたのは、その入院中のことでした。私は長男のお産があまりに辛かったので、2人目は個人クリニックで無痛分娩にしようと考えていました。

初めてそのクリニックでお腹をエコーで見てもらった途端、先生がたちまち深刻な顔になって、こう言ったのです。

「赤ちゃんの首の後ろがむくんでいます」

首の後ろのむくみが厚いということは、赤ちゃんに異常がある可能性が高いということです。

特にそのむくみが3ミリ以上ある場合はダウン症など染色体異常や心疾患の可能

性も高くなるのですが、りおなはその時点ですでに4・6ミリのむくみがあったため、大学病院で染色体検査を受けてきてほしいと言われました。

まったく想像していなかった医師の言葉に、私は目の前が真っ暗に……。

それでも、何かの間違いだと自分に言い聞かせながら大学病院の予約を取ってエコー検査を受けたところ、先生に告げられたのはさらに厳しい言葉でした。

「赤ちゃんは全身がむくんで、大変苦しい状態です。おそらく胎児水腫という病気で、生まれてくることができないはずです。奇跡的に生まれてきても、重い障害を持っているか、すぐに亡くなってしまう可能性が高いと思います。来週までに、ご家族で決断してきてください」

「え、決断……？」

医師の言葉を聞いて、私の頭は真っ白になりました。

それは、すぐに堕胎手術で堕ろすか、それとも赤ちゃんがお腹の中で亡くなるま

で待つか決めるという残酷な選択でした。

結局、その日はエコー検査の写真すらもらえなかったのを覚えています。それが今の絶望的な状況を指し示しているようで、私は深い底なし沼に突き落とされたような気持ちに……。

付き添いで来てくれた母と一緒に泣き、涙を止めようとしても、なかなか止めることができませんでした。

出生前診断で異常が1つでもあれば諦めることに

それでも、今もお腹の中で生きている赤ちゃんが生まれてこられないということが、やっぱり私には信じられません。

帰宅した夫に説明しながらも、「ほんまに生まれてこられないんかな?」としつこく繰り返していたら、もう1回診てもらえないか電話で聞いてみようということになり、夜間だったけれど病院に電話をしてみたのです。

すると、電話口に出たのは、偶然にも昼間に診察してくれた先生でした。

その先生は、**「医師としては極めて厳しい状況というのは伝えざるを得ないのですが、気になるなら他院でセカンドオピニオンを受けてみたらどうですか」**と言います。

そっか、セカンドオピニオンか！

電話を切ってすぐ、私たちは胎児に詳しい医師や病院を調べてみたら、大阪に胎児ドックを専門にしている病院がありました。

その病院では胎児の病気を精密に調べることができて、出生前診断も受けられるとのこと。

しかも驚いたことに、そこの院長は私が長男を妊娠しているときに私たちの住む地域の病院に出張でいらしていて、私に最新の4Dエコーを見せてくれたことのある先生だったのです。

こんな偶然、なかなかあることじゃありません。

それで夫婦2人して「これは運命や」と勢いづいて、とにかくその先生のいる病院を受診してみることにしたのです。

その病院で先生に診てもらうと、胎児の首の後ろが8ミリほどむくんでいました。
それは、やはり浮腫の程度としては大きいということで……。
そのため、染色体検査による出生前診断を受けることにしました。

出生前診断にさまざまな意見があることは知っていますが、やはり当時は長男の病気のこともあって、産むか産まないかを簡単には決められなかったんです。
実はこのときすでに長男は退院していて、無事に回復している最中ではありましたが、今後の成長に伴って後遺症が出てくる可能性もあると言われていた時期でした。

でも、なぜだか私には**「お腹の子が、長男の命を守ってくれた」**という感覚が強くあり、どうしてもお腹の子を中絶すると決めることができませんでした。

お兄ちゃんを助けてくれたこの子を産んであげたい。
でも、重篤な病気の子を2人も育てていくのは、現実的に厳しい——。

そんな状況で、さんざん夫婦で悩んで話し合った結果、出生前診断で異常が１つでも見つかったら諦めよう、と決めたのです。

染色体の検査結果は「異常なし」

そこで染色体検査を受けてみたのですが、何も異常が見つかりません。

そこで、さらにマイクロアレイ法という検査を受けることにしました。

この検査は通常の染色体検査では検出できない、より細かな異常を検出することができるそうです。健康な人でも何かしら検出されるんですよ、と説明のあった検査でした。

しかし、**それでも異常はまったく検出されませんでした。**

「もしかしてこの子、生まれてきたいのかな？」

ちょっとでも何か見つかったら諦めようと決めていたけれど、生まれてこられないとまで言われたこの子の検査でこれだけ異常が出ないということは、この子はきっと、この世で何かやりたいことがあるんじゃないかな。

私たち夫婦は、そんなふうに話していました。

その病院の遺伝専門の先生も、**「この結果だったら、もう自信を持って産んであげてもいいんじゃない？」**と言います。

もちろん、マイクロアレイ法の検査で異常が認められない場合も、疾患がないとは限りません。でも、もしかしたら途中で亡くなってしまうかもしれないけれど、少なくとも自分たちで中絶するのはやめようって決めたのです。

ただし、お腹の赤ちゃんはその後もずっとむくんでいましたし、エコーでみる限り、顎も小さくて少し問題がありそうだと言われてはいたのですが、その後も検査の数値には特に異常が出ないままでした。

こんなふうに、いろいろと不安はあったのですが、私たち夫婦はもともと楽天的な性格です。

出生前診断の結果が良かったことで、「きっと大丈夫！」と心底思い込んでいるところがありました。

また、その頃は**長男が奇跡的な回復を見せていた時期**でもありました。

70％以上の確率で知的障害が残ると言われていたのに、**なんと！　脳の病変部はすっかり消えて、発病前と変わらない長男に戻っていた**のです。

担当の先生も「あり得ない」とびっくりしていましたが、あまりに珍しい例なので、その後に学会で発表されたそうです。

こうして長男は以前のように歩いておしゃべりもできるようになり、「完治」のお墨付きをいただきました。

こんなふうに奇跡的に回復する長男を見ていたので、どこかで「下の子も大丈夫だろう」と前向きに捉えていたのかもしれません。

大阪の病院の医師からは、自宅から車で1時間の場所にある隣県の総合病院を紹介していただき、そこで出産することを決めました。

なんとそこは偶然にも、長男が脳症で入院していた病院だったのです。

こうした色々な偶然や奇跡が続いたこともあり、お腹の子にも奇跡が起きると、

私たちは心から信じていました。

待ちわびた我が子が無事に生まれた！

2017年3月3日の雛祭り。

女の子のお祝いの日に、りおなは生まれました。

出産当日は、事前に提出していたバースプラン（親の希望する出産計画）に沿って、生まれたらカンガルーケアを行う予定でした。

カンガルーケアとは、出産直後の生まれたばかりの赤ちゃんを胸の上に乗せて抱っこすることで、生まれてすぐにスキンシップをすることで親子の絆が深まるそうです。

我が家は、産前にパパママ学級で聞いて憧れていた「パパカンガルー」もプランに入れてあったのですが、残念ながらそれは両方とも叶いませんでした。

というのも、りおなが生まれた瞬間から現場に緊迫した空気が張り詰め、急に周りがバタバタし始めたんです。

生まれたばかりのりおなは、別の部屋に連れて行かれて、何かの処置をされていました。一瞬だけ先生が私のとなりに連れて戻ってきてくれたのですが、りおなの口の中には管が挿入されていて、「今、赤ちゃん苦しいからね」という言葉とともに、また慌ただしくどこかへ連れて行かれてしまいます。

そこで、ようやく「何か問題があったんだ！」とハッとしました。

後で説明を聞くと、呼吸に異常があるため、NICU（新生児集中治療室）でしばらく様子を見るということでした。

NICUは予定より早く生まれた赤ちゃんや小さく生まれた赤ちゃん、また何かしらの問題があって治療の必要な赤ちゃんが集中治療を受ける場所です。

りおなは顎が小さくて後退していたため呼吸がしづらく、場合によっては呼吸困難を引き起こす危険があったのです。

結局、その日から2ケ月間、りおなはNICUとGCU（新生児回復室・NICUで治療を受けて状態が安定してきた赤ちゃんが引き続きケアを受ける場所）に入院することにな

りました。

カンガルーケアを心待ちにしていたパパは、抱っこどころか、赤ちゃんに触れることすらできず、呆然と立ち尽くすだけでした……。

NICUとGCUで闘った2ヶ月間

NICUは、親は1日に1回だけ面会に行けるけれども、赤ちゃんを抱っこすることはなかなかできません。親は我が子を保育器越しに見るだけでした。

このNICUを2週間で出て、その後はGCUに移りましたが、そこへも1日1回、面会と授乳のために通っていました。

母乳を搾り出して冷凍したものを病院に届けておくと、親がいない間も看護師さんたちが飲ませてくれるのです。

また、面会時には授乳することもできました。

私が抱っこして授乳すると、娘は一生懸命に口を動かして吸おうとしています。

でも、飲む前と飲んだ後の体重を測ると、いつもまったく変わっていませんでした。これはまったく飲めていないということです。

りおなは、口の中の天井（口蓋）に生まれつき穴が開いている口蓋裂でした。口蓋裂のある赤ちゃんは口内に穴が開いていて乳首を圧迫する力が弱く、口の中で空気をためて陰圧を作ることもできないため、ミルクを吸う力が弱いのです。それでうまく哺乳できなかったのでした。

それでも、口から吸う練習はさせた方がいいので毎日授乳してはいましたが、やはりまったく飲めないので、鼻から胃にチューブを入れて、そこから母乳を入れていました。授乳のあとチューブでミルクを入れる時はいつも、むなしいような情けないような気持ちになりました。

この病院までは、家から車で高速道路を使って片道1時間以上かかります。

産後で辛い状態だったので母が送り迎えをしてくれて、りおなに授乳している間は病院の外で長男と一緒に待っていてくれました。とても大変な2ヶ月でした。

「ピエール・ロバン症候群」は病気のサイン？

上顎に穴が開いていて、顎が小さくて、呼吸が苦しい。

こうした症状をまとめて「ピエール・ロバン症候群」と呼ぶことを、NICUにいる間に先生から教えてもらいました。

ピエール・ロバン症候群は新生児にまれに起こる、複合的で生まれつきの疾患です。呼吸や食事が難しく、風邪をひいたり気管支炎になったりすると、呼吸困難に陥ることもあります。

そして、この症候群は通常、何かの病気の一症状として表れるそうです。

それが何の病気かはわからないけれど、「この子にはピエール・ロバン症候群があります」と言われたのです。

ということは、**りおなにはまだ何かしら病気の可能性がある**ということです。

ショックでした……。

今も呼吸や哺乳に苦労しているのに、まだ他に病気がある可能性があるなんて。

出生前診断では何も異常が見当たらなかったのに。
それに、こういう病気で、こんな治療法があるとわかっているならまだしも、**今の段階では何もしてあげられることがないのです。**

でも、病院の先生はそれほど悲観的ではありませんでした。

ピエール・ロバン症候群が単発で出ることもまれにあるし、症候群自体は体の成長とともに改善していくはずだ、と話してくれました。

顎だって成長するし、口腔内の穴も手術で閉じればいいのだから、成長とともにこの症候群が問題になる可能性は減っていくというのです。

異変があるのに、染色体検査では「異常なし」

その説明には多少救われたものの、GCUで授乳しているうち、私は「やっぱりこの子は何かがおかしいのでは……」と思うようになりました。
最初に感じた違和感は、首でした。

りおなの首が他の子より太くて短いように感じたのです。

それに、お腹もパンパンに張っているし、鼻の辺りも夫婦の顔立ちとは違う気がして……。先生に聞いてみたところ、**りおなの染色体検査をしてくださったのですが、結果には異常が出てきません。**


それでも、「何かおかしいな」という思いがどうしても拭えないのです。

この頃の私は不安でいっぱいで、いつも何かを検索しては調べていました。


検査への絶対的な信頼感が揺らいできたのも、この時期でした。

子どもが生まれる前は、検査というのはとにかく正確なものだと思っていたので、「検査で何も異常が出ないイコール大丈夫」と安心していたけれど、**生まれた後の検査では何も出ないことが逆に不安でたまりませんでした。**

しかも先生たちは「まあ、検査してもわからない病気もあるからね」なんて言い出すし……。

いや、本当にそうなんだと思いますが、それを聞いた私は、過去の自分がどれだけ能天気だったかを思い知らされたのでした。

鼻チューブでの食事補助と1日8回の洗濯

2ヶ月間の入院中、りおなはやはり口からは一滴も飲めなかったので、**鼻からチューブを入れ、点滴のように一滴ずつ、胃に直接ミルクを注入して栄養補給していました。**

でも、りおなはたびたび吐いてしまいます。

先生は、「お腹が張ってるから戻しやすいのかな」と言って、鼻のチューブから胃の空気を事前に抜いてみるとか、おしりから別のチューブを入れてガスを抜いてみるとか、いろいろなことをやってくださったけれど、**とにかくミルクを入れるとよく吐いていました。**

病院を退院した後は自分たちでミルクを飲ませなければいけないので、入院中にりおなの鼻から胃までチューブを通してミルクを入れる練習を親子で繰り返していたのですが、ミルクを入れると、やっぱり、りおなは吐いてしまいます。

1時間半かけてやっとミルクを注入できたと思ったら、すぐ吐き出してしまったり。

ちょっと入れただけで、入れた以上に吐いてるんちゃうかっていうぐらい出してしまったり。

この繰り返しで、**退院後はほぼ毎回、9割以上は吐いていました。**

それに、当時は1日おきに病院に通院していたのですが、車に乗せると車内でもまた吐いてしまいます。

だから、この時期の私は1日8回くらい洗濯していました。

りおなの肌着や私の洋服、タオル、クッションカバー、チャイルドシートなど、吐いては洗濯し、洗濯しては吐いての繰り返し。

もう嫌〜！　って何度思ったかわかりません。

先生の話では、生後3ヶ月くらいで口から飲めるようになると言われていたのに全然飲めるようにならないし、5、6ヶ月頃からは離乳食が始まるから、ミルクも要らなくなってくると言われていたけれど、**りおなは離乳食も食べてくれないし。**

毎日やることが多く大変なのに加えて、このまま栄養が摂れなかったら娘が死んじゃうんじゃないかと、毎日心配でたまりませんでした。

いつの間にかママは「りおな専属看護師」に!?

退院後、何より一番大変だったのは、鼻から胃までチューブを入れることでした!

病院で何度も練習してきたことを思い出して恐る恐るやっていたけれど、チューブが鼻の奥に当たるのが痛いらしく、りおなも泣いて嫌がるんです。

まあ、鼻から胃までチューブを入れるなんて、大人だって怖いんだから、赤ちゃんならなおさら怖いですよね。

それに誤ってチューブが肺に入ってしまうといけないので、肺に入っていないか聴診器で確認するんですけど、これがまた難しくて。

それでも、私もやっているうちにだんだん慣れてきて、数ヶ月後にはコツを覚えて一瞬で胃に入れられるようになりました。

もはや専属看護師です（笑）。

病院を退院する際には、万が一、呼吸困難になってしまったときのために人工呼吸の仕方や心臓マッサージの方法まで教わっていて、これを使う日が来ないことを、いつも祈っていました。

この時期は、夜中も気が抜けませんでした。

鼻のチューブからミルクを入れている間に子どもがチューブを引っ張ると、ミルクが気道に入って、誤嚥性肺炎になってしまうことがあります。

また、チューブが入っている状態で嘔吐すると、それも誤嚥性肺炎につながってしまうことがあります。

だから、夜中の授乳中もずっと気をつけて見ていないといけません。

これが毎晩、2、3時間おきに続くのが本当にしんどかった……。

こんな生活が、生後9ヶ月過ぎくらいまで続きました。

ただ不思議なことに、ほとんどミルクを吐いてしまうりおなは、体重もまったく

増えていかないし背も全然伸びていかないのに、体がやせ細ってしまうことはなく、見た目は普通でした。

毎日、このまま死んじゃうんじゃないかと心配しながら、少しずつでも頻繁にミルクをあげていたのが良かったのかもしれません。

そういえば、「夜中に授乳してるママの横で、パパが爆睡してる図」って赤ちゃんのいる家庭あるあるですけど、うちもそうでした。

まあ、起きません！（笑）

しかも朝に弱い夫は、自分で起きられなくて。

「私、夜中の2時に起きてミルクやって、5時にもやって、あなたを7時に起こすことはできないから自分で起きてね！」と強めに言っても、夫は毎回「ごめんごめん」とニコニコ謝りながら結局起きないし、私が怒るとギャグで乗り切ろうとして、さらに腹立たしくなり……。

そんな夫は、りおなの鼻からチューブを入れるのも、

「怖い！　それだけは絶対にムリ！」

なんて言って、結局1回もやりませんでした。

え〜っ、私だって怖いんですけど〜！

ただ、そんな夫に救われる瞬間もたくさんありました。

私は気分の波が激しいタイプなので、子どものことでパニックになったり、落ち込んだり、悩みすぎて少しおかしくなりそうなこともあったのですが、夫はどんな時も私と同じテンションにはならず、いつも明るく「大丈夫、大丈夫」と励ましてくれていました。

この頃は娘にかかりきりで毎日バタバタしていたし、とにかく心配なことがたくさんありましたけど、**家の中が暗くならなかったのは、この異常に明るい夫のおかげだったかもしれません。**

まあ、実際には何の根拠もない「大丈夫、大丈夫」なので、余計イラッとすることもありましたけど（笑）。

私の両親も夫の両親も近くに住んでいて、子どもたちをよく預かってくれたり、

可愛がってくれていたので、それにもずいぶん救われていました。

周囲から言われ続ける「今だけ」の言葉

それでも、りおなの背が伸び体重が増えていかないのは、やっぱり心配でした。**生まれてすぐに成長曲線の基準範囲からはずれ始めて、生後10ヶ月になる頃にはもう大きくはなれていました。**

それ以外にも、病院の先生方は「今だけ」という言葉をよく使われていたのですが、私はだんだん「本当に今だけなのかな……？」と不安に思うようになってきました。

口蓋裂のある子は、口の中に開いている穴を塞ぐために柔らかい樹脂を固めて作った「ホッツ床《しょう》」というプレートを24時間装着しています。

それを着けていれば、そのうちミルクも飲めるようになると聞いていたのに、娘はなかなか飲めるようになりませんでした。

顎が小さいのも「今だけ」で、成長したら治っていくと聞いていたけれど、見た目では変わりません。

お腹が張っているのも「今だけ」で、ハイハイし出したら筋力がついてきて凹むはずと聞いていたけれど、全然そうなってきません。

それに加えて、りおなは寝返りもハイハイも、なかなかしてくれませんでした。

「今だけだから」

「きっとこのくらいには良くなるよ」

そんなふうに言われていた時期がことごとく過ぎていくにつれ、「これはちょっとやばいんじゃないか」と思い始めました。

先生に聞いてもネットで検索しても、できることはなく、もどかしい気持ちでいっぱい。夫は「大丈夫だよ」と宥めてくれたけれど、私は不安でたまらず泣いてばかりいました。「この子、やっぱりなんか異常があるんや」って。

この時期の私は悩みすぎて、ちょっと鬱っぽくなっていたかもしれません……。

それに何より悲しかったのは、**自分がりおなを十分に可愛がれない**ことでした。

あやしたり、一緒に遊んだりはしていたものの、、可愛いという気持ちをなかなか持てずにいました。

やらなきゃいけないことと心配ごとが目一杯で、気持ちの余裕をもって娘と接することができなくなってしまったのかもしれません。

食事も呼吸もままならず、寝返りもしない娘を見ていると、「もしかしたらこの子は一生寝たきりなのかもしれない」と怖くてたまらず、この先、本当に自分が面倒を見られるのかも不安で、この時期は泣いてばかりでした。

離乳食を食べない娘がご飯を食べてくれた！

赤ちゃんの離乳食はだいたい5、6ヶ月頃から始めますが、**その時期になっても、りおなは離乳食をまったく食べてくれませんでした。**

そこで、口に食べ物を入れて飲み込むための摂食のリハビリを勧められて通って

いたものの、それでもうまくいきません。

生後9ヶ月を過ぎても食べないので、胃に穴を開けてチューブを挿入して栄養補給をする「胃ろう」もいずれは考えたほうがいいかもね、という提案も先生から出てきました。

当時、風邪をひくたびに肺炎になって入院を繰り返していたのも、「鼻のチューブが悪影響の一因ではないか」という見解もあったからです。

でも、いきなり胃ろうと言われて、私は戸惑っていました。

手術で胃に穴を開けるわけですから、そんなに簡単な話ではありません。

いずれはその決断もしなくちゃいけないのか……と愕然としていた頃、りおなが急に食べ始めたんです。

それまで私は離乳食にこだわっていて、しっかりペースト状にした離乳食を食べさせていたのですが、りおなが親の私たちが食べているご飯をじーっと見ていることがよくありました。

それである日、もしかしたらこの子は親と同じものが食べたいんじゃないかと思

って、私のお茶碗からご飯を取って食べさせてみたら、パクパク食べ始めたのです。

なんだ、普通のご飯が食べたかったのか！

赤ちゃんにはドロドロのお粥をあげるものだと思い込んでいたので、いきなりご飯を食べるなんてびっくりでしたが、りおなが食べられるなら問題ありません。

それ以来、りおなは白米だけはしっかり食べてくれるようになったので、生後10ケ月ほどで鼻のチューブも無事に取れました。

また、その後は**納豆と味噌汁も好きになって、よく食べてくれるように。**

白米と納豆と味噌汁さえ食べてくれたら栄養的にもきっと大丈夫、と夫婦でホッとしました。

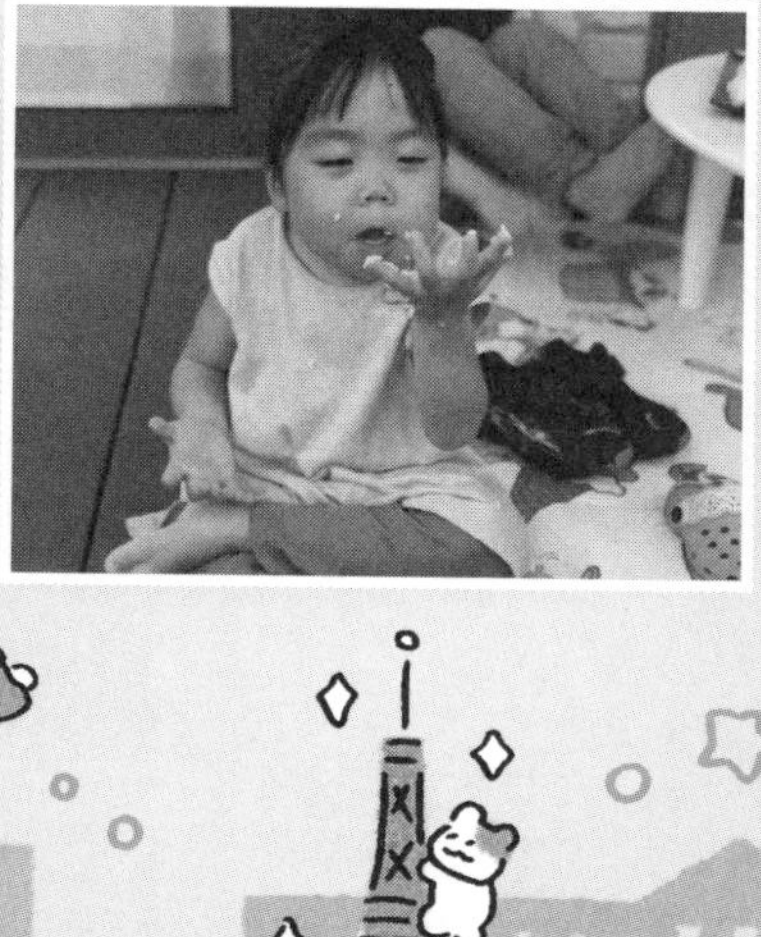

りおちゃん、死なないで!

様々な科にかかっていたりおなは、この後も病院に通う日々が続きます。そんなりおなは生後10ヶ月の時、RSウイルスという呼吸器系の感染症にかかってしまい、かかりつけの病院に入院します。

りおなの容態が急変したのは、入院して3日目でした。

ゼーゼー、ヒューヒューというりおなの呼吸の音が強くなってきて、息を吸うのも苦しそうになってきたと思ったら、血液中の酸素量を測定する機械のアラームがピーピー鳴り始め……。りおなの意識が朦朧としてきて、顔はどんどん真っ白になっていきます。

病室は一気に騒然とし、先生たちがりおなに心臓マッサージと人工呼吸器をあてながら「このまま行くよ!」の一声で看護師さんたちがベッドを移動し始めます。

りおながベッドに寝た状態のままPICUに運び込むのです。

「お母さんもついてきて！」

状況を受け止められないまま、私はとにかく必死でベッドの横で一緒に走りながら、

「りおちゃん死なないで！」

「お願い、死なないで！」

「もっとずっと一緒にいたいよ！　一緒におうちに帰ろう！」

って泣き叫んでいました。

この子が生まれてから、いろいろ大変なことがあって悩んだり、自分が娘を十分に可愛がれないことを気に病んだりしていました。

でも、娘の命が失われるかもしれない恐怖を初めて感じたこの瞬間、**とにかくりおなが生きてさえいてくれたら何でもいい、やっぱり私はこの子のことがすごく大事なんだ、こんなに大切なものだったんだ、とはっきり感じたのです。**

ＰＩＣＵに移ってからの１ケ月間は１日５分しか顔を見ることもできないし、そもそもりおなは鎮静剤を打たれているので寝ているだけでしたが、とにかく毎日行かずにはいられませんでした。

だから、りおなの容態が落ち着いて、ＰＩＣＵから親がずっと付き添える一般病棟に移ったときは、とにかくホッとしたのを覚えています。

ＲＳウイルスが完治して病院を退院したときは、また家族４人で暮らせることがもう夢みたいに感じました。

この子はそれまでに何回も入院していたけれど、命の危険をこれほど間近に感じたことはなかったからです。

以来、家族４人揃って暮らせることの幸せは今でも感じ続けています。

第二章

成長の遅さへの不安と次々と降りかかる病

「様子を見ましょう」にモヤモヤする日々

りおなは生まれてからずっと身長が伸び悩み、体重もあまり増えないままでしたが、寝返りやハイハイなどが遅いのも心配でした。

お兄ちゃんはどちらも早く、何か気になるものがあったら自分でさっさと寝返りして取るという感じでしたが、**りおなは生後5、6ヶ月を過ぎても寝返りしません。**

また、当時は自分からミルクを欲しがる様子もなかったし、そもそも外界への興味も薄い気がして。

自分が取りたいものを取ることもなく、おもちゃや周りのものに対して関心を見せないのも心配でした。

だから、この時期はずーっとモヤモヤしていました。

発達が遅いのは何らかの障害のせいかもしれないと不安になって、自治体の育児相談に電話してみたこともあります。

でも鼻にチューブが入っているとか、これまでの経緯を話すと、「特殊なお子さんだから、かかりつけの病院で診てもらうのが一番いいと思いますよ」と遠回しに断られてしまいました。

もちろん、かかりつけの総合病院でも相談しています。

当時は新生児科の先生が月に1回、発達の具合を診てくださっていたので、受診するたび「ちょっと首が短い気がして……」「全然背が伸びないんです」「うちの子、大丈夫でしょうか？」と相談していました。

でも、先生からの言葉はいつも決まって「様子を見ましょう」です。

この時期は個人差も大きいし、発達検査ももう少し先にならないとできないから、しばらく様子を見るしかないというのです。

そう言われても、やっぱり私は落ち着かず、首が短

いことや低身長などについてネットで検索しまくっていました。

それでも、りおなは他の子より遅いながらも少しずつ成長していき、**1歳3ヶ月くらいには歩き始めて、これにはかなりホッとしました。**

口蓋裂手術で言葉がたくさん出るように！

りおなが2歳になる少し前に、口蓋裂の手術をすることになりました。

口の中に穴があると、そこから細菌が入りやすいため、風邪や中耳炎にかかりやすくなります。それまでも風邪をこじらせて入院したり、中耳炎が長引くことが何度もありました。

また、食べ物や液体を飲み込むとき、鼻に流れ込んでしまうこともあります。

それに、穴が開いたままだと発音がしにくいので、言葉が活発になる2歳頃にこの穴を閉じる手術をする必要があるそうです。

手術中は患者の体が動かないように全身麻酔をしますが、全身麻酔をすると呼吸も止まってしまうので、機械で人工呼吸にします。

そのとき酸素を体内に送り届けるための管を気道に入れるのですが、りおなの気道は他の子より狭いので、その管を入れるのも抜くのも大変だったようです。

普通なら、手術翌日に抜いてすぐに一般病棟に戻れるのに、気道が狭い場合は管を抜くときに擦れる刺激で、気道が閉塞してしまう危険があるんだそうです。

そのため管を抜くタイミングを慎重に見計らう必要があって、りおなは術後も1週間くらいPICUに入院していました。

その後、無事に管も抜けて、一般病棟で1週間過ごしてから退院できました。

りおなは、この手術と同時に耳の手術もしています。

口蓋裂があると耳と鼻をつなぐ通路の機能が悪いことも多く、膿や水が溜まりやすくなります。そこで鼓膜にチューブを挿入する手術をしたのです。すると膿が抜けやすくなって、中耳炎になっても治りやすくなるのです。

この2つの手術の効果は、抜群でした!

2歳頃までのりおなは、風邪をこじらせては入院、中耳炎になっては毎日通院という感じで、常に何かの病気にかかっているイメージでしたが、手術後は中耳炎になることもほぼなくなり、入院することもぐっと減りました。

口の中の穴が塞がって発音しやすくなったのか、手術以降のりおなからは言葉もたくさん出るようになりました。

それまでは口の中に常にホッツ床が入っていたのもあり、滑舌が悪かったのですが、それがなくなったら、りおなから一気に言葉が出てきたのです。

初めにそれを実感したのは、手術後のある日、長男が熱で寝込んでいるときでした。

「起きて！　ねえ、起きて〜」

そう言って、長男を起こそうとしたのです。それまでも少しは出ていたけれど、はっきり言葉らしい言葉が出たのはこれが初めてでした。

それ以降、りおなはどんどん話すようになっていきます。

りおなは病院の先生の勧めで月に1回、言語聴覚士さんのところに言語のリハビリに通っていたのですが、手術後は滑舌も徐々に良くなり、語彙も増えていったので、手術から半年後に言語のリハビリは無事卒業となりました。

当時、本好きのお兄ちゃんと一緒に本をよく読み聞かせていたのも影響していたかもしれません。

毎週10冊図書館で借りてきて、毎日2冊ずつ読み聞かせていたら、りおなも本が大好きになりました。

こんなふうに、口蓋裂と耳の手術を受けてからはいろいろなことがスムーズに進むようになっていきました。

口蓋裂手術の後は食べられるものも増えてきて、唐揚げや軟らかいお肉（特に高い和牛！）が大好物に。麺類も食べやすいようで、よく食べています。

ただ、歯や顎が小さくて咀嚼に時間がかかるので、繊維質の多いものや硬い食べ物は今でも苦手です。

家で料理するときは食材を小さくカットし、外食の際は小さなはさみを持参して、食べる前に小さく切るようにしています。

ある日気づいた、背中の異変

りおなの入院が減り、食べられるものや言葉も増えていって、穏やかな日々を送っていた我が家。

りおなの背中の異変に気づいたのは、この2歳半頃のことでした。

ある日、お風呂あがりのりおなにボディクリームを塗っていたとき、**かがんだ右の肩甲骨あたりに、小さなこぶのような盛り上がりを見つけたのです。**

あれ?? こんなの昨日まであったっけ??

急いで夫にも確認したけれど、そのときまで2人ともまったく気が付きませんで

した。

その小さなこぶは、りおなが背中を丸めるとわかるものの、普通に立っているときにはわからないくらいの大きさです。カーブもなだらかで目立ちません。

本人も、特に痛くも何ともないみたいでした。

だけど、確実にこぶはあります。

夫婦で話しているうち、「もしかしたら、たちの悪い腫瘍なんじゃないか？」と心配になってきて、翌朝すぐに、かかりつけの病院を受診しました。

小児内科で私が「昨日から、急に背中にこぶができたんです」と言って見せると、先生は**「いや～、これは腫瘍じゃなくて、骨っぽいな」**と言われます。

これが骨……？　戸惑う私に先生は続けました。

「たぶん背骨が曲がっていって、広がったあばら骨がこぶみたいに見えるんじゃないかな。それに、これは昨日今日できたものじゃなくて、前から徐々にこうなっていったものだと思いますよ」

そして、すぐにレントゲンを撮ることになりました。

実は、それ以前から主治医の先生には「りおなちゃんには、骨系統の何らかの遺伝子疾患がある可能性が高いのではないか」と言われていました。

だから、このこぶが骨じゃないかと言われたのは、大きなショックでした。

「やっぱり骨の病気なのかな……骨のこぶができるなんて、どんな難病なんやろう……」って。

ちなみに、この頃のりおなは、すでにお調子者でした。

目を離したすきに、パンツを何枚も穿いたりして。

まだおむつも取れてなかったくせに、こんなときだけパンツ穿いてます（笑）。

2歳半で側弯症が発覚！

そしてレントゲンを撮った後、小児整形外科に紹介されました。

「これは側弯症という病気ですね」

小児整形外科の先生は、レントゲンを見るなりそう言われました。

側弯症というのは、原因不明で背骨が徐々に曲がっていく病気です。

思春期の女の子に多い病気でそれほど珍しいものではないそうですが、側弯症は背が伸びるとともに悪化していくため、**曲がりがひどくなって肺や心臓を圧迫するようであれば手術することになる、**という説明でした。

その後、先生は私を安心させるようにこう言いました。

「そこまで悪化しなければ手術しませんよ。曲がったまま生活している人もたくさんいますしね」

「でも、どんどん背骨が曲がっていったら、見た目も悪くなっちゃうんじゃないですか？」と私が聞くと、先生はこう答えてくださいました。

「大きな手術になるから、見た目だけのことで手術することは通常ありません。もし手術をするとしても、背骨を手術すると背が伸びなくなってしまうので、通常は背が伸びきる思春期までしません」

口蓋裂のように、必ず手術した方がいいというものではないようです。

また、側弯症には24時間コルセットをつけて曲がりを抑えるという治療法もあるらしいのですが、りおなの場合は曲がっているのが胸の辺りだったので、コルセットもできませんでした。

じゃあどうするのかというと……**様子見しかない**そうです。

「りおなちゃんは発症が早いのが気になるけど、側弯症は背が伸びるにつ

れて骨が曲がっていく病気だから、身長の伸びが良くない分、もしかしたら進行も遅いかもね」

りおなの場合は身長の伸びが悪いので、側弯症の進行は遅いかもしれない、そしてとりあえずは年に1回くらいの検査で大丈夫だと思う、というお話でした。

そして先生は、最後に「まあ、確実ではないけどね」と付け加えました。

結局、安心していいのか良くないのかはわかりませんでしたが、まあ、とりあえず深刻ではないということなのかな、なんて思っていました。

今から思えば、このときの私はなんて能天気だったんだろう！

そして、そのまま何もせず、1年後の3歳半頃に2度目の受診をします。

1年が経過したりおなの背中は、右の方が少し以前より盛り上がってきている気がしていましたが、レントゲンを撮って先生に確認してもらったら、「少し進行してるけど、このくらいだとまだ今はできることもないから、また1年後診せてね」

と言われて、すぐに終了。

5分もかからない診察でした。

大きく進行していないということかな、とホッとする反面、正直に言うと少し拍子抜けしていました。

やっぱり今はできることがないんだ、わざわざ1時間以上、高速道路を飛ばして来ても5分の診察で終わりか〜、という気持ちもあったのです。

よく話す娘の幼稚園での楽しい日々

2020年4月。

3歳になったばかりのりおなは、幼稚園に入園しました。

実は入園直前まで気管支系の風邪をひいたのが悪化して、PICU（小児集中治療室）に入っていました。

1ヶ月くらい入院していたのですが、容態もすっかり良くなり、りおなの体調も大丈夫そうなので退院させてもらい、何とか無事に入園式にも間に合いました。

3月生まれのりおなは、4月や5月生まれの子より1年近く幼い月齢で入園します。

だから、周りの子たちについていけるだろうかと思ったりしていたのですが、その心配はまったく無用でした。

この頃には、すでにしっかりしていた娘。大人の言っていることもずいぶん理解できるようになって、話す言葉も増えていて。**いや、それどころか、すっかりおしゃべりな女の子になっていました。**

幼稚園に入園してからは、「今日は何のお話を誰先生が読んでくれて、お歌を歌ったときに誰が泣き出して」と、よく時系列で話してくれました。

長男は幼稚園の様子もあまり教えてくれず、「今日は幼稚園でなにしたの？」と聞いても「なんもしてない」と答えるだけでしたけど、りおなはその反対にめちゃくちゃ話してくれるのです。

りおなは幼稚園の先生もお友だちも大好きで、周りの子や先生たちとも積極的に関わっていました。幼稚園を心から楽しんでいたようです。

3歳になっても体格は1～2歳児のまま

体格については、まだまだ心配なこともありました。

口蓋裂の手術後はよく食べるようになったものの、身長や体重は一向に増えず、3歳になっても1～2歳児くらいの大きさしかありません。

幼稚園に入ったら当然、背の順で一番前になるだろうと思ってはいたけれど、他の子と並んだときのギャップが大きすぎて。やはり、普通の幼稚園児の体格じゃないことを思い知らされました。

おしゃべりや椅子に座ってのお絵描きなどは皆と一緒にできるけれど、体育やか

けっこをする際には先生がついてくれて、遠足では先生に手をつないでもらって、遅れて歩いていました。

手洗い場には手が届かなかったので、踏み台を用意してもらったり、机まで座高が足りないので、椅子に乗せる分厚い座布団を持たせたりしていました。

それでも、幼稚園に入園してからは風邪も全然ひかなくなり、毎日登園できてイベントもすべて出席！

そして、ありがたいことに、りおなの周りにはいつも優しいお友だちがたくさん来てくれて、いろいろとお世話をしてくれていました。

5年も結果がわからない遺伝子検査

ところで、りおなは低身長症や口蓋裂、側弯症などの疾患を持って生まれてきましたが、前から病院の先生に**「りおなちゃんは成長ホルモンの病気ではなく、遺伝子の病気かもしれません」**というお話をされていました。

先天性の骨系統疾患の疑いがあるというのです。

実際、りおなには低身長症の他にも、小顎症や首が短い、関節の過進展（関節が必要以上に反ってしまうこと）など、骨の症状がいくつかあります。

そのため、特定の遺伝子疾患を調べる検査も2種類ほど受けていたのですが、特に異常は見つかりません。

そこで、4歳の春に全ての遺伝子を調べる検査を受けることになりました。どの遺伝子に異常があるかわかれば、今後どんな病気が発症するかもある程度予測できるようになります。なので、両親の血液と本人の血液を採って、全ての遺伝子を調べることにしました。

ただ、この検査、結果がわかるまでにすごく時間がかかります。

人によっては、なんと5年もかかるそう！

メジャーな病気や大きな病気であるほど早く異常が見つかるけれど、遺伝子の些細な異常の場合は見つけにくいので、結果がわかるまでに5年くらいかかってしま

うこともあるそうです。**つまり結果が早くわかるということは、大きな病気の可能性も高いということです。**

だから、結果は早く出てほしくない。
でも、知りたい。
親の心理は複雑です。

りおなの場合、幸か不幸か、検査してから2年半経った今も、結果は出ていません。しかも遺伝子の病気というのは、病名が早くわかったところで、治療法はありません。
将来的にこうなるかもしれないという予測が立てやすくなり、事前に備えてあげやすくなるだけなのですが、我が子がなんの病気なのかは、やっぱり気になりますね……。

人の価値は身長では決まらない

当時の私はりおなの身長が伸びないことを悩んでいました。

「大人になっても１００センチとか１１０センチとかだったら、この子はどうやって生きていけばいいのかな……」って。

やっぱり親としては、何かできることはないかと考えていたんです。

そこで、あるとき病院の先生に「背を伸ばすために、私たちが何かしてあげられることってないですか？」と聞くと、先生はこう答えました。

「人間の価値は身長で決まらないことを教えてあげてください」

物理的にはこれ以上、この子にしてあげられることはないかもしれない。

でも、背だけが人間の魅力じゃないってことを伝えてあげてください、と。

物理的にしてやれることがないことはショックでしたが、じゃあ、娘のために私たちは何をしたらいいんだろうと考えたとき、**背が低くても受け入れてくれる、優しい社会を用意してあげたい**と思いました。

りおなが年中の秋にTikTokを始めたのは、そんな思いからです。

実は私自身、子ども時代に低身長症のことを知らず、学校の近くをよく歩いていた低身長の男性を、珍しい人を見るような目で見てしまっていたことがありました。もしも当時の私が低身長症のことを知っていたら、低身長症という存在が珍しくない世の中だったら、そんな目では見ていなかったかもしれません。

でも、その頃の私みたいに、病気のことを知らない人は今も世の中にたくさんいるはずです。

だから、まずは病気のことをたくさんの方に知ってもらいたい。

そうしたら、りおながもっと生きやすい世界になるんじゃないかな。

そのためにも、まずは大勢の方にりおなの存在を知ってもらおう。そう考えたの

です。

その当時りおなはいつもふざけていたので、最初は娘の明るくてひょうきんな姿を撮ってTikTokに載せてみたのが始まりでした。見た目は赤ちゃんみたいでも、娘のとっても可愛い中身や彼女の魅力を知ってもらいたくて。

だから動画は**最初から完全に素のりおなで、本人も撮影はめちゃくちゃ楽しんでやっています。**

うちの子たちはしょっちゅうパパの無茶ぶりでギャグやらネタやらをさせられているのですが、お兄ちゃんは嫌がるのに、りおなは「自主練」なんて言いながら進んでやっているお笑い優等生（笑）。

そんな娘の姿を見て、こんな子もいるんだなーって、たくさんの人が明るく受け止めてくれたらいいなと思っています。

※TikTokはその後になぜかシャドウバンされてしまってできなくなったので、2024年1月現在はユーチューブとインスタをしています。

第三章

下半身麻痺でも前向きな娘のフンバリの日々

油断していたら、側弯症がかなり進行していた

りおなが3歳半の頃、側弯症の2度目の受診をして「次は1年後に診せてね」と言われてから1年。

この時期の私は、自分の仕事と、りおなの呼吸器系の通院に追われていました。

もともと私がりおなを妊娠した時期に長男が急性脳症になり、入院などが続いていたため、そのタイミングで私は当時の職場を退職していました。

りおなが生まれた後も、りおなの入院や通院続きで仕事からは離れていたのですが、りおなが口蓋裂手術をしてからは入院することがぐっと減り、幼稚園に通い始めたこともあって、実家の経営する小さな会社で少しずつ仕事を再開していました。

しかしその後、職場で「同僚が全員産休に入ってしまう」という緊急事態が起きたことで、その穴を埋めるように、私は毎日がっつり働くようになりました。

そんなわけで、当時はいつも忙しく、休みにくい状況でした。

ただ、そのなかでも呼吸器系や耳鼻科など、りおながいつも受診している科の通院は頻繁にあって、それには通っていました。

特に呼吸器の方は、まだまだ不安が大きかったので受診を欠かすことはありませんでした。

でも、整形外科の受診については、完全に油断してしまっていたと思います。

予約して往復2時間以上かけて病院に行っても、どうせ診察は5分だし、「また1年後ね」で終わりかな。

現状できることもない整形外科は、他科に比べたら後回しでもいいのかな。

……なんて勝手に思い込んでいたところがあったんです。

それで、整形外科には来月行こう、来月行こうと思いながら、時間が経ってしまい、**気づけば1年後のつもりが1年3ヶ月後になっていました。**

りおなが年中になった年の10月25日。

整形外科を受診して、前回、前々回と同じように、レントゲンを撮ってから診察室へ向かいます。

でも、その後が前回とは違いました。

レントゲン写真を見るなり、その場にいた2人の先生の表情が凍りついたのです。そして厳しい顔つきでこちらに向き直った先生から、こう言われました。

「りおなちゃんの側弯が急激に進行しています。これは手術をした方がいいかもしれないので、まずは成人部門の整形外科にいる脊椎専門の先生に診てもらいましょう。そちらの予約を取ってください」

えっ、手術？？？

でも成長期が終わるまで手術はしないって話だったんじゃや……？

まさかの急展開に頭が真っ白になりましたが、とにかく**「手術になるかもしれない」「脊椎専門の先生に診てもらわないといけない」**ということなのです。

詳しいことも聞けないまま、とりあえず最短の予約日だという2週間後の予約を取って帰りました。

ちなみに、この頃のりおなはよくベビーカー（バギー）に乗りたがっていました。

もともと体格が小さく長距離は歩けなかったので、4歳になってもバギーを持ち歩いていたのですが、以前よりも疲れやすくなっているように感じていました。

側弯が進行して、歩くのがしんどくなっていたのかもしれません。

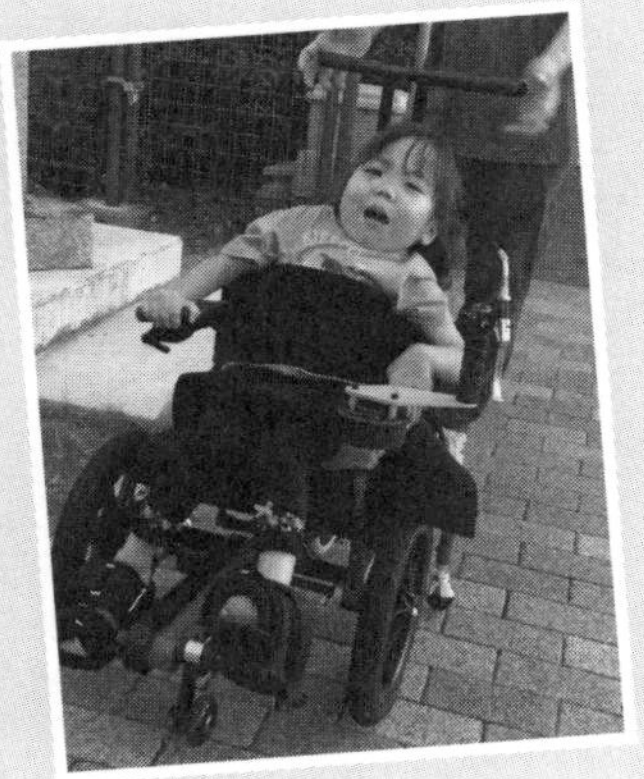

後から2年前のものと写真を並べてみると、背中もだいぶ曲がってきていましたが、時間をかけた変化だったため、毎日すぐそばで接している私たちには、それほど気にならなかったのです。

それでも、最短で取れた次の診察日が2週間も先だったので、この時点でもまだ私たち夫婦はこんな話をしていました。

「2週間先ってことは、もしかしてまだ余裕がある病状ってことなのかな?」

「緊急手術しないといけないレベルだったら、きっとこんな遅い予約日にならないよね」

……もう、どこまで能天気な夫婦なのか。今思えばツッコミどころ満載です……。

側弯症の手術は想像以上の難易度で!?

そして2週間後の診察日。

この日、りおなは初めてCT検査で骨の画像を撮ります。すると、びっくりして息をのむほど、りおなの背骨は曲がっていました。

それまではレントゲン画像だけを見ていたのですが、CTでは立体的な画像が撮れるので、**骨が横にも後ろにも曲がり、まるで螺旋を描くようにねじれてしまって**

いるのがよくわかります。

それを見て、私は初めて病状の深刻さを思い知りました。

「これは手術しないといけないと思いますね。肺や心臓も圧迫され始めています」

先生も深刻な顔をしながら、そう言います。

さらに、こんなことも。


「かなり進行しているので、難しい手術になるかもしれませんね……」


え？　手術しないといけないどころか、手術が難しいレベルまで進行している!?

ショックが大きすぎて、私は言葉を失いました。

まさかこの1年余りで、そこまで急激に進行していたとは……。


以前からハアハアとしんどそうな呼吸をしていましたし、少し歩いては「だっこ、だっこ」と言うくらい、体力もなくなっていました。

でも、生まれた頃から気管が狭くてしょっちゅうハアハア言っていたのと、体格

が小さすぎてもともと長い距離は歩けなかったので、その延長なのかな、と軽く考えてしまっていたのです。

何より、この1年余りの私は仕事が忙しすぎて、娘をきちんと見てやれなかったことが悔やんでも悔やみきれません。

1年中通院ばっかりしてたのに、なんで背骨の異常にもっと早く気づいてあげられなかったのか……。そう思うと、自分が情けなく、とにかくりおなに申し訳ないという気持ちで押しつぶされそうでした。

その後、「都市部に子どもの側弯症を専門的に診ている先生がいるので、まずはそちらに問い合わせて、手術するかどうかを決めましょう」と言われ、とにかく専門医の先生からの返事を待つことになりました。

その返事を待つ間は、**「今でも手術が難しい状態なのに、こんなに時間がかかって大丈夫なのかな……」**と不安に苛まれては、眠れない夜を過ごしていました。

病院から返事が来たのは、1ヶ月半後の2021年12月でした。専門医の先生がかかりつけの総合病院に来て手術をしてくださるそうです。しかも、背骨の成長を温存したまま側弯を矯正する方法で手術してくれると言います。

ただし、かなり側弯が重度なため、難しくて危険な手術になるということでした。

また、手術は約半年後の5月26日になると言われました。

半年も待っていて大丈夫なのかと不安はありましたが、専門医の先生の手がいっぱいで、半年先しか空いていないのだそうです。

その後の半年間は、とにかくりおなの病状が悪化しないことだけを祈りながら手術までの日々を過ごしました。

良くなるために手術するんやで！

ヤキモキしながら手術を待つ間に季節は巡り、りおなは4月に年長になりました。

この４ヶ月間に側弯症はさらに進んでいて、この頃には背中の弯曲が、見た目ではっきりわかるようになっていました。

そのため、りおなは階段を上るのも辛いようでした。幼稚園の１階から２階の教室に上がる階段でも、１段ずつ時間をかけて上り下りしている様子を先生から聞いていました。

夜も９時には寝ていましたが、呼吸が浅くて体の疲れが取れないのか、朝８時になってもなかなか起きられず、いつも時間ギリギリに登園していました。

５月に入り、手術の前に再びＣＴを撮って、骨の状態を確認します。**やはり、背骨の曲がりは年末の段階よりさらに悪化していました。**

なんと骨の曲がりがひどすぎて、手術には必要なのに、すでになくなっている骨もあると言います。進行のスピードの速さに、ショックを隠しきれませんでした。

色々考え出すと不安でいっぱいになってしまうので、この時期はとにかく深刻に考えすぎないようにしていました。

りおなにも手術のことを話し、**「病気が良くなるための手術やで！　手術したらきっと背も伸びるし、胸の苦しいのも治るよ。だから一緒にがんばろう！」**とお互いに励ましながら、日々を過ごしました。

2022年5月26日、運命の日

2022年5月25日。手術前日に入院して、翌日の手術に備えます。

ただ、この日は入院してもやることはないので、のんびり過ごしていました。りおなと一緒に院内のコンビニに行ったり、お絵描きをしたり、部屋の中にあるシャワールームに一緒に入って2人でキャーキャー言いながら大騒ぎしたり。

まるでプチ旅行気分の呑気な親子でした。

そして迎えた5月26日。

早めに起床して手術前には飲めなくなる水を飲ませていたら、あまりにりおながリラックスしているように見えて「りおちゃん、ドキドキしてないの？」と聞くと、

「中身はいっぱいドキドキしてるよ！」
「怖いけど、大丈夫だぜぃ！」

と、ふざけながらの返事。本人も気を紛らわそうとしていたのかもしれません。

その後、長男を学校に送り出した夫も病院に到着し、手術室に運ばれるりおなを夫婦で見送ります。

手術室に入るまでパパに抱っこされながら、超ハイテンションだったりおな。少し前に飲まされた抗不安薬の影響もあったかもしれませんが、**本当は親に心配をかけたくないと気遣うりおなの空元気もあったんじゃないかなぁって、私たちは思っています。**

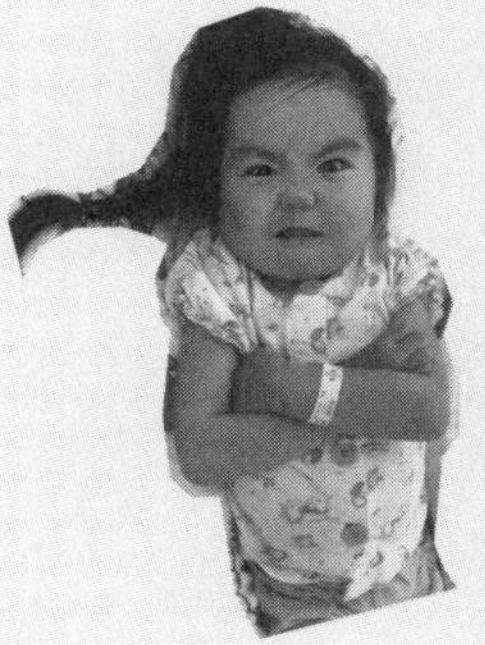

手術室に着くと、りおなはパパから下ろされてストレッチャーへ乗せられます。

「ご両親はここまでです」の言葉に、私はついに我慢できなくなって泣いてしまい

ました。

黄色いストレッチャーからこちらへバイバイしている、りおなの小さな手。

それを見た私はその場で立ちつくして、さらに号泣……。

「まだなんも起きてないのに、大アクシデントにまきこまれた人の関係者みたいなテンションやん！」という夫のくだらないツッコミで少し気が抜けて、涙も止まりました。

「りおなちゃんの足が動かなくなりました」

りおなを手術室に送り出した後は、術後にPICUへ移動するための片付けや準備をし、手術を待つための家族控室へ移動します。

このときの家族控室は、手術映像が中継で見られる部屋を選びました。そこで画面に向かって2人で「りおながんばれ！　1人じゃないよー！」と念を送り続けました。

手術開始から1時間ほど経ったとき、急に夫が**「俺、お寺にお参り行って、りおなにパワー送ってくるわ！」**と言って席を立ちました。

そのお寺は病院のすぐ近くにあって、いつも家族で行っている有名なお寺です。

「え、今!? 一緒にここにいてよ〜！」と思ったものの、手術は6時間くらいかかると言われていたので、あと5時間もここで座っていることに耐えきれなくなったのかな……とそのまま見送りました。

そして夫が病院を出て、しばらく経ったときです。いきなり映像の中のりおなの体に白い布がかけられて手術が止まりました。

何が起きたのかわからないまま夫に連絡を入れていたら、小児整形外科の先生が入ってきて、「主治医の先生からお話があるので、すぐ来てください」と言います。

慌てて手術室に向かうと、血のついた手術着のままの先生が部屋から出てきて、こう言われました。

「脊髄の状態をモニタリングするために流していた電気が弱くなって、り

おなちゃんの足が動かなくなりました。いろいろ試してみましたが、戻りません。

これ以上は手術を進められないため、手術を中止しますが、いいですか？」

いいも悪いも「こうしてる間に、りおなに何かあったら」と思うと、迷っている時間なんてありません。

「わかりました、お願いします」とだけ答えて、私はすぐその場を離れました。

でも頭の中は、ひどく混乱していました。

足が動かなくなったって、どういうこと？

手術中止って、これからどうなるの？

りおなはもう治せないってこと!?

「この手術で、りおの背が伸びるんだよね？」

何度もそう聞いてきた、りおなの嬉しそうな顔が頭から離れません。背が伸びることだけを励みにして怖い手術に臨んだ5歳の娘に、なんて言ってあげたらいいのか。

そして、目が覚めた娘は何を励みにして痛みに耐えたらいいのか。

痛い思いをして背中を切られたのに、「手術したけど背骨は治らなかった。足も動かなくなった」なんて残酷すぎます。

この信じられない状況に、私はただただ泣くばかり。

泣いて泣いて気持ち悪くなって、頭痛も吐き気もして、座っていることもできなくなって、私は待合室のソファに呆然と転がっていました。

周りの目を気にする余裕すらありませんでした……。

永遠に思えた2時間。そして術後のパニック状態

慌ててお寺から帰ってきた夫も泣いています。普段は全然泣かない人なのに。

この人に、子どものことで辛い思いをさせるのは何回目だろう。
なんで私、こんなに病気の子どもばかり産んじゃうんだろう？
本当に皆に申し訳ないし、実家や義実家にも顔向けできない……。

私は泣いている夫を見ながら、そんな絶望的な気持ちに襲われていました。
実際には、夫も義理の両親も私の両親もみんな優しくて、私が子どものことで責められたことなんて一度もありません。

でも、子どもたちを産んだ母親としてはどうしてもそう考えてしまうんです。そんなこと考えても仕方がないって、頭ではわかっているのに……。

主治医の先生のお話から何も連絡がないまま、2時間くらい経ちました。

振り返れば、この待ち時間がもっとも暗く、苦しい時間だったかもしれません。

その間、先生方はりおなのMRI検査や術後のケアをしてくれていたそうです。


そして2時間後、執刀してくださった先生から、ようやく手術で何が起きたのかをじっくり聞くことができました。


りおなの背骨は、手術前からすでに横だけではなく後ろにも曲がっていました。

背骨は前側と後ろ側の2つの骨で構成されていますが、後ろに曲がった前側の骨が、脊髄を圧迫しているような状態からのスタートだったそうです。

そして、今回の手術で筋弛緩剤などを使った状態のまま3時間ほどうつ伏せになったことで、もともと限界だった脊髄がさらに圧迫されて麻痺が起きた可能性が高いという話でした。


今回、圧迫している前側の骨を取ることも考えたけれども、先生の経験から麻痺が発生してすぐにアクションを起こすより、神経が少し回復するのを待ってから再

手術をする方が好ましい結果になることが多いので、手術を中断したのだそうです。

先ほど撮ったMRIを見る限りは、特に脊髄が傷ついた様子もないので、4週間ほどおいて神経の回復を待ってから再手術をしたい、とのことでした。


それまで絶望のどん底にいた私たちですが、先生の口から「再手術」や「神経の回復」といった言葉が出てきたことに心からホッとしていました。

そして控室に戻った後、夫と泣いて喜びました。


よかった！　まだやれることがある。まだ可能性があるんや！　って。

再手術で声が出なくなるかもしれない!?

ただし、再手術の前には問題もありました。

以前、口蓋裂手術をしたときもそうだったのですが、りおなの気道は他の子よりずっと狭いので、挿管《そうかん》チューブを抜くときには慎重になる必要があります。

普通なら手術翌日に抜管《ばっかん》できるのですが、りおなの場合、そうはいきません。

しかも今回は過去に挿管を繰り返した影響か、りおなの気道に狭窄《きょうさく》（細く狭くなっている部分）が見つかったそうです。

手術時にかなり苦労して挿管したというりおなの気道は、生まれたばかりの赤ちゃん用の細いチューブがようやく入るくらいの細さしかありませんでした。

それも気道いっぱいに入っているため、抜くときに擦れる刺激でむくみが起きると、気道が閉塞してしまうかもしれません。

そのときは、気管切開をするそうです。

でも……気管切開をしたら、声を出せなくなります。

「訓練したら話せるようになる人もいます」と麻酔科の先生は言いますが、少なくとも、しばらく話せないということです。

それを聞いて、私たちはまた悩みました。

背が伸びると思って手術したのに、目が覚めてみたら足が動かなくなっていて、声も出せなくなっている……。

そんな過酷な現実に、たった5歳の娘が向き合わなければいけないのです。

それを知った娘の気持ちを考えると、可哀想でたまりませんでした。おしゃべりが大好きな娘から声を奪う決断を、私たち親がしてしまっていいのか……。これには本当に頭を悩ませました。


それでも、やっぱり何より大事なのは、りおなの命です。

私たちは心を鬼にして、万が一のときは気管切開することに了承し、りおなが抜管されるのを待ちました。先生はしばらく抜管するタイミングを見計らっていましたが、そのまま数日間は何も進展がないままでした。

PICUに入院しているりおなは薬で鎮静させてはいるものの、声をかけてあげれば反応しますよと言われたので、「りおちゃん！」と呼んでみると、少し目を開けて「うん」と頷きます。でも、すぐにまた目を閉じてしまいます。

「足、動かしてみて」と言うと、「うん」と頷くけれど、足は動きません。**私が足をくすぐってみても、ぴくりともしません。本当に動かないのです。**

当時のりおなは、一体どこまでわかっていたのか。

朦朧としながらも、何かおかしいというのはわかっていたかもしれません。

「りおちゃん、ママたち毎日近くの〇〇寺さんお参りしよるよ！　また今から行って、りおなにパワー送るね」と言うと、りおなは涙を流しながら「イヤイヤ」と言うように首を横に振りました。

「寂しいの？」と聞くと「うん」と頷いて、また眠ってしまいました。

このPICUでの数日間、私には何もやれることはなく、近くのお寺で祈ってばかりいました。そして、なんでこうなったのかと考えては、過去の後悔や反省をして、1日中泣いてばかりいました。

「今から抜管するので、すぐ病院に来てください」と連絡が来たのは、手術から5日目の朝でした。すぐ病院に向かうと、管も無事に抜けて、りおなの呼吸も安定していると報告があり、心底ホッとしました。

気道から管が抜けたことで、翌日ようやく一般病棟へ移ることになりました。

もう背が伸びないことを医師から告げられる

でも、そこからも試練が続きました。

やっとりおなの気道から抜管できて一般病棟へ移るという日の朝、主治医の先生から呼ばれて、**「神経の回復が悪いので、再手術まで4週間も待っていられない。来週再手術をしたい」**という話があったのです。

そこまで状況が悪いということ……？　でも、そんな状況なら、今すぐにでも手術してもらった方がいいのではないか。

それに苦労して抜管せず、管を入れたまま再手術した方が良かったのではないか……など、さまざまに湧き上がってくる疑問を抑えきれず、つい先生に聞いてみましたが、病院や先生の都合上、来週しか手術はできないそうです。

また、挿管が長くなることは、感染症等の観点から好ましくないんだそうです。

執刀した先生によれば、りおなの側彎症はそれまで何千例と診てきたなかでも、

珍しいタイプの曲がり具合だったそうです。

麻痺になった原因はやはり、手術のときにうつ伏せになったことによる圧迫のためで、胸の辺りの脊髄の調子が悪くなっていることが考えられるので、このままだと、体幹も下肢の機能も失った状態になってしまうかもしれない。神経の回復状況も良くないため、再手術は急いだ方がいいという話でした。

再手術の内容についても、詳しい説明がありました。

次にするのは、脊髄を圧迫している前側の背骨を削り取り、背中の曲がりを矯正してボルトで固定する手術ですが、そのためにはいくつか辛い決断もしなくてはなりません。

まず、脊髄の安全を第一に考えると脊髄に緩みを残した状態では危険だということで、背骨に成長を止める金属の棒を入れることになりました。

当初の予定だった「成長を温存した手術」ではなく、「成長を完全に止めてしまう固定術」しかできないということです。

つまり、りおなの背は、手術をしたらもうこれ以上伸びなくなるのです。

ショックでした。

超低身長症のりおなは、手術したら背が伸びて普通の状態に近付けるかもしれないという希望があって今回の手術を受けたのに、まさか成長を止めることになるとは思ってもいませんでした。

さらに、曲がりを矯正しすぎると脊髄に負担がかかる可能性があるため、むりやり真っ直ぐにはしすぎない方針だと言います。

背骨が曲がっているということは当然、中の脊髄も曲がっています。それを無理に真っ直ぐに伸ばそうとして引っ張ると、**脊髄というのはバナナの実くらいの軟らかい組織なので、傷つく可能性や麻痺などを起こす可能性があるそうです。**

だから、背中の曲がりを矯正するための手術ではあるものの、たぶん背中が真っ直ぐに治りきることはないだろう、と言われました。

両親の精神状態もギリギリな毎日

もう背は伸びなくなるし、背中も完全に真っ直ぐにはならない。そして手術を受けたとしても、麻痺が治るかどうかはわからない。

私たちが手術前に望んでいたことは、とうてい叶わなくなってしまったのです。

だけど、もうこの時点では、りおなの背が伸びないとか、背中が真っ直ぐに治りきらないというのは二の次でした。

それよりも、麻痺だけでも治してあげたい。りおなの足を、以前のように動かせるようにしてあげたかったのです。少しでも麻痺が治る可能性があるなら、次の手術にかけたい。そんな思いで、夫と私はその手術に同意しました。

ただ、この再手術までの数日間は、2人ともギリギリの精神状態でした。

1回目の手術をする前は「これで背が伸びるかもしれない」という希望を感じて臨めたけれど、今回**再手術をしたらどんな状況になるか、まったく予想できないの**

です。

それに、当時はコロナ禍で家族は私1人しか付き添えないため、夫はりおなと面会することすらできませんでした。

私は毎晩、夫に電話して病院での出来事を報告していましたが、それよりも「再手術して、もっと悪くなったらどうしよう……」とか、「本当に手術は来週でいいんだろうか……」など、電話口で不安を吐き出しては泣いてばかりいました。

当時は感染予防対策のため、私自身もずっと病院から帰ることができなかったので、まだ7歳だった長男とも2週間以上、会えないままでした。

長男も電話口で毎晩泣いているし、祖父母たちも皆ハラハラしながら過ごしているし、精神的にすごく不安定になっていた時期でした。

夫はこの2週間でなんと、2回も車をぶつけたんですよ！

まあ、普段から注意力散漫な人ですが、このときは余計ひどく、1回は自宅の車をぶつけ、もう1回は会社の車を田んぼに落としたそうです……。どちらも誰もケガをしなかったのが不幸中の幸いでした。

5歳のりおなに足が動かなくなったことを伝える

一方、一般病棟に移ったりおなは、そこまで痛みに苦しむ様子もなく、定期的な痛み止めだけでも大丈夫なようでした。

ただ問題は、**「この手術の結果と再手術のことをりおなにどう伝えるか」**でした。

2度目の大きな手術のことを、娘にどんなふうに伝えたらいいのか。しかも、それほど期間をおかずに手術するので、悩んでいる時間はありません。

まだ5歳の子どもだし、詳しい事情を話さずに再手術を受けさせるという手もあったかもしれません。

でも、りおなは当時からしっかりしていたし、ごまかして手術を受けさせるのも

無理がありそうです。

それに、それは娘に対して不誠実な気がしました。

術後の痛みに耐えるのも、リハビリをするのも、りおなであって私ではありません。

この手術は娘の体に起こることだから、やっぱり娘本人に知る権利があります。

かなり厳しい現実ですが、本人の尊厳のためにも事実を伝えたいと思い、手術の数日前にしっかり時間をかけて説明することにしました。

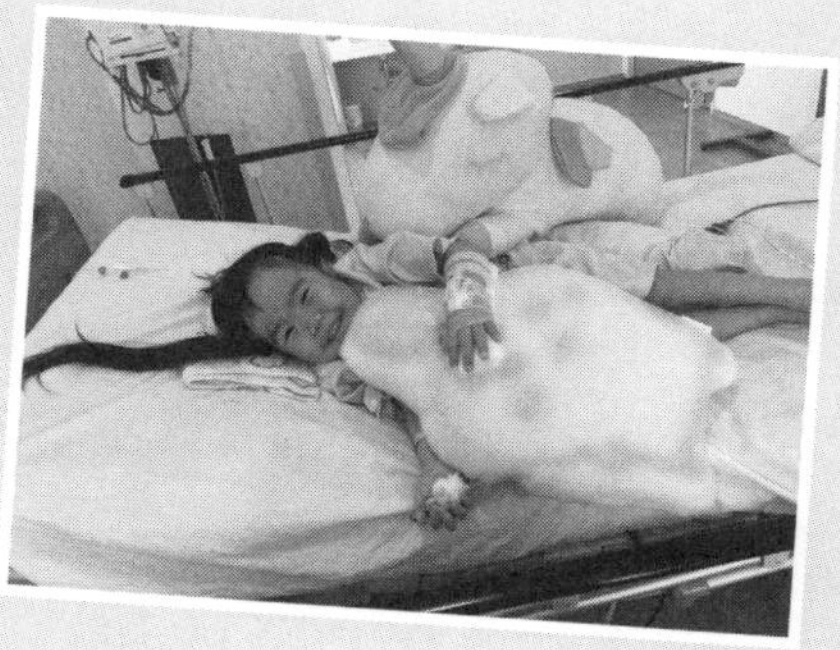

「りおちゃん、今、足動かんやろ?」

「うん、なんでなん? 手術したらしばらく動かないの?」

りおなはキョトンとしています。このあまりに純粋な問いに、事実を伝えることを一瞬ちゅうちょしました。

ですが5歳の子にもちゃんと伝わるように、私はトンネルに例えて説明しました。

「りおちゃんの背中のなかにね、『脊髄』っていう大切なトンネルがあるんよ。

脳みそで『足動け』って思ったら、その信号はそのトンネルを通って足に行くんやけど、手術中にトンネルが狭くなっちゃって、動かなくなってるの。

それでいったん手術は中止したんよ。

だからもう1回手術して、そのトンネルを狭くしてる石みたいなものを取り除くから、もう1回、手術がんばろう。

パパもママも、りおの足が動くためには、次の手術をした方がええと思うんよ」

なるべく期待をもたせるように明るく話したつもりだったけれど、りおなは激しくショックを受けて泣き出しました。

「もう私は一生このままってこと!?」

本人にしてみたら、とても怖かったけれど、背が伸びることを期待して受けた手術です。曲がった背骨を伸ばせば、もしかしたら10センチくらいは伸びるんじゃないかと言われていたのです。

そもそも、りおなは病気なら病院に行けば治るもの、手術をしたら良くなるものと信じていたので、こんな結果になるなんて信じられなかったのでしょう。

「もうずっと、このままなんでしょ?」と涙ながらに聞いてきました。

「そんなこと、絶対させません! パパとママが絶対、治す!」って抱き締めながら、私も一緒に泣きました。

ただ、そうは言ったものの、治るかと聞かれても、治るとは言い切れません。

先生は私たちにも、「次の手術は治る可能性をつくる手術だと思ってください。

手術したら治りますという手術ではないんですよ」と話されました。

結局、どう対応したらいいのかは、私たちにもわかりませんでした。

「パパとママも一緒にがんばるよ」「ずっとりおちゃんと一緒におるよ」としか言えないのです。


小さな子どもにどこまで病気や手術のことを伝えるかというのはとても難しく、すぐに答えの出ない問題だと思います。

そして、こんなふうに年端もいかない子どもに現実を伝えることには、賛否両論あると思います。


でも私たちはさんざん悩んだ末に、「きちんと伝える」という選択をしたのでした。

再手術で命の危険は回避されたけど……

りおなに説明をしてから1週間後、再手術が行われました。

今回の手術の目的は、脊髄を圧迫している骨を取り、できる限り背骨の曲がりを矯正することです。

手術は4時間ほどで終わりました。手術後、執刀された先生は、「やるべきことはすべてやりました」と言い、手術のことを詳しく説明してくださいました。

今回の手術では、脊髄の安全を第一に考えたので、背骨の曲がりはあまり矯正していないつもりだが、それでも元が悪かったので、かなり真っ直ぐになったこと。

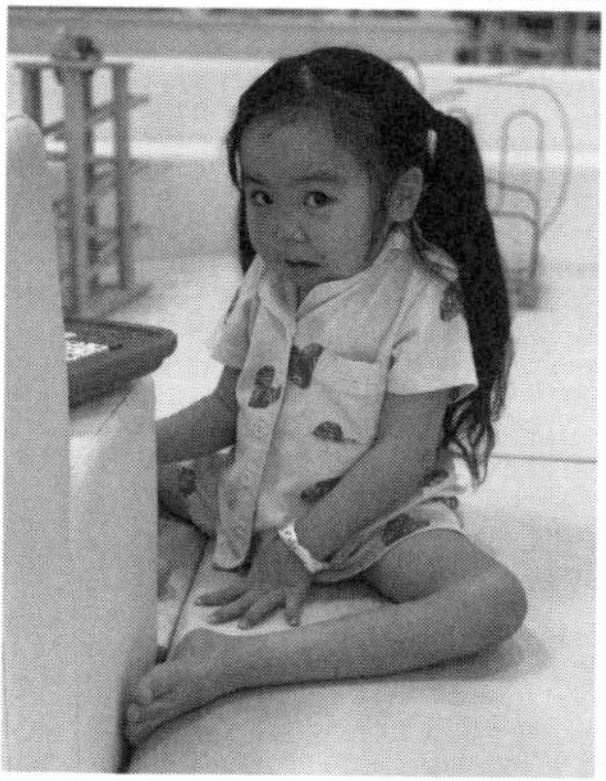

圧迫されていた胸が開いて、肺のスペースが広がったこと。
脊髄を圧迫していた骨も取り除いて、神経が回復しやすい環境をつくれたはずだということ。

そして今後は、神経を回復させるためにストレッチや歩行訓練などのリハビリに励むことになりました。

また、今回も挿管チューブを抜くのは慎重にしなければいけないので、容態の落ち着く数日後までは抜管しないことになり、とりあえず今日やるべきことは全て無事に終わったようでした。

りおなはＰＩＣＵで眠り続けています。

この日は夫も私も朝から何も食べていなかったので、近くのファミレスへ行って遅い夕食を取ることにしました。

今日はお兄ちゃんは祖父母の家でお留守番です。

はじめの手術以来、２人とも食事が喉を通らない日々を過ごしていましたが、久

しぶりにまともにご飯を食べ、2人でゆっくり話すことができました。
そして病院近くの宿泊施設に夫婦で戻ったとき、病院から着信が……。

「りおなちゃんのことでお話があります。今すぐ病院に来てください」

ああ、もう嫌な予感しかしません……。
その電話を受けながら、私はすでにダッシュし始めていました。
車で2分の距離を大慌てで運転し、駐車場からPICUまで必死で走ります。
そして駆けつけた私たちに、先生が言いました。

「1時間ほど前、りおなちゃんの心臓と呼吸が止まりました」
「でも当直の先生が偶然近くにいて、心臓マッサージをすぐにしてくれたおかげで、今は無事に回復しています」

私はその場に膝から崩れ落ちました。

電話の時点で「大丈夫」って言っておいて欲しかった……。寿命が縮まるとは、まさにこのことです！

どうやら、りおなの挿管チューブが細すぎるために分泌物が詰まったことが原因で、心肺が一時停止してしまったようです。

先生は、「今後も呼吸停止のリスクが高いので、注意して観察します」と言ってくださいましたが、その後は常に気が抜けなくなり、私は面会時間以外にも常に病院の周りをウロウロしている不審者みたいになってしまいました……。

第四章

りおなと交わした「2つの約束」

体が麻痺するという辛い現実

その後、無事に気道から抜管できて、りおなは一般病棟に移ることになりました。

先生からは、「とりあえず神経が回復しやすい環境はつくれたはず。後は時間をかけて見ていくしかありません」という説明をされていました。

注意しながら経過を見守り、落ち着いたら本格的にリハビリを始めるそうです。

ただ「今回は術後の痛みが激しいと思います」と事前に先生から言われていた通り、りおなは術後の痛みに苦しんでいました。

1日に何度も痛み止めを投与してもらっていたけれど、猛烈な痛みだけでなく、高熱も出てきて。それでも2週間を過ぎた頃からは徐々に痛がらなくなってきて、笑顔も食欲もどんどん増えてきたので、とりあえずホッとしました。

でも、一般病棟に移ってから私はりおなの体が麻痺しているという現実に直面し

て、愕然とすることになります。

それまで私は、娘とずっと一緒にいられる一般病棟に移ることをずっと心待ちにしていました。でも、いざ一般病棟に移ると、「麻痺」という病の現実が見えてきました。

それまでの私は、麻痺というものがどういう状態なのかまったくわかっていなかったのです。

先生から「下半身が麻痺しています」と言われて、なんとなく、「痺れて動きにくくなっている」ようなイメージを抱いていたのですが、それはとんでもなく甘い想像でした。

自分で座れない。

寝返りもできない。

立てない。歩けない。

ピクリとも自分では動かすことができません。

りおなの足やお腹を触っても、その感覚はありません。

自分の生んだ子の一部がまったく機能しなくなったという現実に何度も絶望し、打ちのめされました。

またりおなの場合は、自分自身の意思とは関係なく、体が勝手に動いてしまう不随意運動も1日に何度も起こります。そういう動きを抑制する働きも麻痺してしまっているのです。

普段、私たちは自分で使っているつもりはなくても、実は神経や筋肉を使って生活しています。ですが体が麻痺すると、それがまったく使えなくなってしまうのです。そういう当然のことが、私にもようやくわかってきました。

麻痺している部分は体温調節の機能も麻痺しているので、左上半身からしか汗をかけません。体に熱もこもってしまうのか、左側の顔や髪の毛はびしょびしょになるほど、りおなは汗をかいていました。

また、この時期はベッドを起こしたり、バギーに乗せたりして頭部の位置が上になると、りおなは頭痛を訴え、10分以上上体を起こしていることができませんでした。

この頭痛は原因不明で、術後2ヶ月近くも続いていたので、「もしかして、りおなはずっとこのままなんだろうか」と、私は密かに恐怖を感じていました。

ぎりぎりまで寝かせたバギーに寝そべったまま、リハビリに向かうりおな。

ストレッチャーに寝たまま、看護師さんに体を洗ってもらうりおな。

そんな姿を見ていると、本当にこのまま寝たきりになってしまうような気がして、胸が張り裂けそうになりました。

神経の回復に希望の光が……

ただ、この手術後は1回目のときとは違い、前向きな話がいくつか出てきました。

神経の回復というのはもともとかなり時間のかかるもので、いつ治るかというのはわからないそうです。

ただし、成長過程にある子どもは成人とは違う経過をたどることが多いといいま

す。

子どもの場合は、脊髄も神経系も成長の途中なので、娘と同じような状態から5年後に歩いたというケースもあるくらい、医師にとっても未知の世界なのだそう。

「だからといって、5年経ったら治りますとは言えないけれど、年単位で見たら、神経の回復に希望はあると思いますよ」

先生は何度もそう説明してくださいました。

特にりおなの場合は発症年齢が低いため、成長に伴って、今は失われている神経回路が再び開通する可能性もあるそうです。

5歳という低年齢であることが、今は希望を持てる要素だというのです。

そうは言っても、先生は話の最後には必ず「もちろん、そうならない可能性もありますけどね」と小さく付け加えられます。

それを聞くたび、その可能性のほうが大きいんじゃないだろうかなどと考えて、

胸が苦しくなりました。

でも、少なくとも今の段階では希望を捨てなくてもいいということです。

しばらくすると、りおなの謎の頭痛も治りました。

りおなとママが交わした「2つの約束」

りおなは手術後すぐからリハビリを始めました。

回復を目指し、装具を使って立ったり座ったりするリハビリの他に、足を手で運びながら移動する練習など、下半身が麻痺したまま生活していくためのリハビリもありました。**りおなはどんなリハビリも一度も嫌がることなく、わがままを言うこともありませんでした。**

それどころか、治すためにもっとやれる

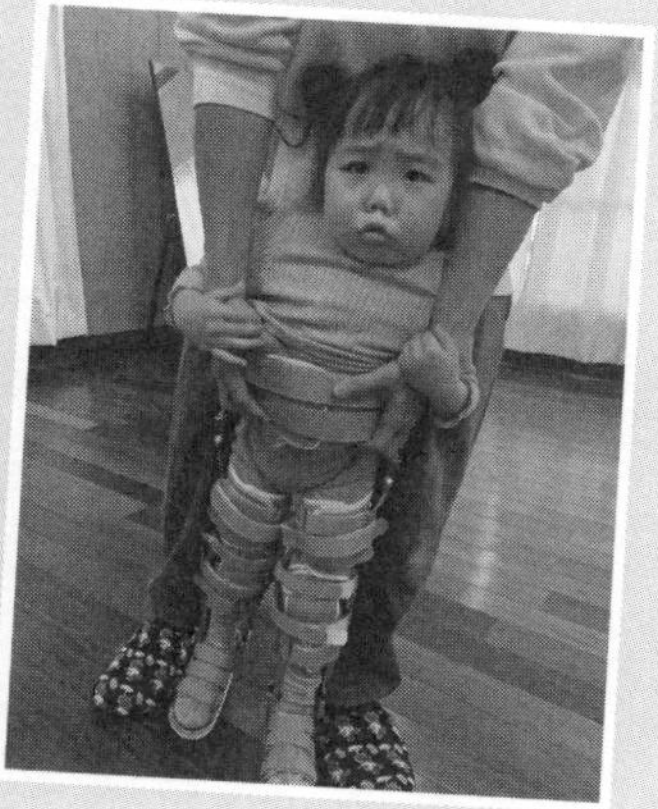

ことはないのかな？　と、リハビリ以外の時間、何もできずに過ごすことに不満を訴えることもありました。

ただ、今まで何の苦労もせずにできていた「座る」「立つ」「歩く」ということができないという状況には相当落ち込み、言葉もなく泣いてしまう夜もありました。

そんなときは、2人でひたすら話をしていました。

「なあ、りおちゃん。もし80歳まで生きるとしたら、りおちゃんは人生あと75年もあるやん？　75年もあるのに、今ここであきらめるって早いと思わん？」

「そうやなあ、早いなあ」

「ママもパパも、りおちゃんと一緒に生きてくやん。りおちゃんがやりたいことはなんでもやらせてあげるし、新しい医療だってどんどん、どんどん出てきてるよ。とにかくできることは、全部やらせてあげたいって思ってるよ。だから一緒に何でもやってみようよ」

「りおだって、絶対あきらめたくない。もう1回歩きたいもん！」

「そうよ、一緒にがんばろ！」

当時、りおなの感覚がちょっとずつ戻ってくるかもしれないという主治医の先生の考えで、朝・昼・晩に看護師さんや先生たちが来て、りおなの足やお腹を触っては「ここ、わかる？」「ここは感覚ある？」と聞いていました。

最初の頃、りおなはやはり胸から下はまったく感覚がないようでした。

それが、日が経つにつれ、胸の下からおへその辺りまでは徐々にわかると言うようになってきました。

それで私たちもちょっとずつ感覚が戻ってきているのかと思っていたのですが、実は、それはりおなの嘘だったんです。

それがわかったとき、私は思わず「なんで、そんな大事なことで嘘つくの！」と叱ってしまいました。りおなもワーッと泣いています。

でも、落ち着いてから話を聞いてみると、私を含めたいろんな大人から「ここわかる？」「ここはどう？」と毎日聞かれているうちに、全部「わからない」と答え

るのが辛くて申し訳なくなってきてしまったのだそうです。

それで、少しはわかるという返事をしてしまったけれど、本当はそんな感覚はありませんでした。

これには私もびっくりです。「なんか、少しずつわかるようになってきた！」って本人もニコニコしていたから。本当に嬉しそうな様子だったので、まさかそれが嘘だとは夢にも思いませんでした。

娘には周りの人を喜ばせたいという気持ちがあったんだと思います。 私に心配をかけたくないという気持ちも強かったのかもしれません。私は、そんな優しい娘の嘘に騙されていた自分を恥じました。

確かに、娘がニコニコ笑っているのは親にとっては嬉しいことですが、無理して笑ってほしいわけではありません。

りおなは周りの人に気をつかうところがあり、なかなか自分の弱音を出してくれないのですが、やっぱり自分の子どもには、泣きたいときに泣いてほしいのです。

「だから無理なんかしないで、ほんとに思ってることを教えてほしいんよ。治ってるフリとか、平気なフリなんてしなくていい。ママだって悲しいときには泣くよ。辛いときは2人で一緒に泣こうな」

そう話すと、りおなは涙をぽろぽろ流しながら言いました。

「ほんとはすごく辛いし、もう治らないかもって思ってる……」

担当の先生が何度も話されていた「子どもだから、成長とともに治る可能性がある」という言葉には、私も希望を感じています。

でも、本当に治るかどうかは誰にもわかりません。希望は希望で持ちつつ、実はいつもモヤモヤとした不安も感じていました。

それはりおなも同じだったのです。

いや、きっと誰よりも不安でたまらなかったと思います。

そして、「これからは、たくさん楽しいことやハッピーなことをするのが、りお

ちゃんのお仕事だからね」と言い聞かせ、私たちは2つの約束を交わしました。

それは「歩くことをあきらめないこと」。

2つ目は、「笑いたい時は一緒に笑おう。でも泣きたいときは思いっきり一緒に泣こう」。

この約束を守って、今もりおなはがんばり続けています。

TikTokを通じて得られたこと

たとえば、登録者数12万人のYouTuber、渋谷真子さんは車椅子でアクティブに活躍されている方ですが、真子さんが海外旅行に行ったり、パラスポーツをしたりするのをユーチューブでりおなと一緒に見て、**「車椅子でもこんなに楽しいことができるんや！」**と入院中は毎日励まされていました。

その傍ら、りおな自身のTikTokは、手術以降ずっとお休みしていました。

でも、りおながある日突然、「もうTikTokはしないの？　りおが麻痺したから、ママはりおのこと撮るのをやめちゃったの？」と聞いてきました。

そして、「TikTokしたいよ〜！　みんなのコメント読みたいよ〜」と言ったのです。私が思っていたより、りおなはコメントを通してフォロワーさんたちに励まされていたんですね。

本当は、もうSNSは全て止めて、アカウントも消そうと思っていました。でもりおなの言葉を聞いて、「もしかしたら、今こそTikTokをやるべきなのかも」と思い、再開することにしたのです。

もしも、祈りや応援にパワーがあるのなら、今こそ娘のために、そういう力をたくさん集めてやりたい。そして、今までよりさらにたくさんの方に娘の病気のことを知ってもらいたいと思ったのです。

実際、入院中の私たちががんばってこられたのは、フォロワーさんたちの応援のおかげでした。

「ほら、フォロワーさんが〇〇って言ってくれてるよ！」とりおなと一緒にコメントを読んでは励まされていました。**特に、「りおなちゃんががんばってるから、私もがんばる」というメッセージには、とても元気づけられていたようです。**

こうして入院中にがんばれたのも、そして今もずっとがんばり続けていられるのも、皆さんからいただいているパワーのおかげなんです。

4ヶ月の入院のすえ、見事退院！

りおなの入院生活は4ヶ月に及びました。

5月末に入院してから梅雨と夏が過ぎ、秋らしくなってきた9月末、私の方から病院に退院を申し出ました。

病院からは、それまでに何度も「回復する可能性はあるが、それには年単位の時間がかかる」と言われていたのですが、りおなの体調も落ち着いていたし、どのみち年単位でかかるなら、病院ではなく自宅で回復を目指したいと考えたのです。

そもそも入院が長期間になり、娘も私も心身ともに限界だったこともあります。

入院中はコロナ禍による面会制限もあって、パパやお兄ちゃんや他の誰とも会うことができません。買い物やお散歩にも行けません。

毎日、院内でリハビリをしたり、共有スペースで自主練をしたり、ベッドでDVDを見たり、2人でトランプやゲームをしたり、おしゃべりしたりするくらいしかやれることがないのです。

その入院中の一番のお楽しみは、保育士さんが病室に遊びに来てくれることでした。病棟にいる保育士さんが週に3日、20分くらいずつ病室に来て遊んでくれるのですが、りおなはこの時間が大好きでした。

カードゲームを持ってきてくれて一緒にやることもあったし、七夕飾りのような工作を一緒にやることもありました。

りおなが「ちいかわが好き」と言ったら、工作も何もかも、ちいかわのキャラクターを印刷して持ってきてくれた優しい保育士さん。

りおなは保育士さんと一緒に作ったちいかわの飾りを気に入って、長くベッドに

飾っていました。

何もできない長い入院生活のなかで、この保育士さんとの時間はりおなにとって大きな癒やしになっていたと思います。

本当はもっと通いたかった幼稚園を思い出すような遊びやふれあいもあり、この時間は誰にも気をつかわない「素のりおな」になって喜んでいました。

それに24時間、子どもと2人きりだと、どうしてもやれることも尽きてくるし、親も疲れてくるので、私も本当に助かりました。


それにしても、この4ヶ月間は本当によくがんばりました。

退院の日は、入院が長かったからか病棟の看護師さんたち全員が寄せ書きを書いてくださり、しかもそれがちいかわ仕様で、めちゃめちゃ可愛く豪華にしてくださっていて。

それを見ていたら、これまでのさまざまな思いが一気に込み上げてきて、りおなも泣いてないのに、私だけ号泣しながら退院しました……（笑）。

思えば、この４ヶ月間は術後や点滴の痛みを除けば、りおなはほとんど泣かずに過ごしていました。最初のうちこそ、

「歩きたい」

「なんでこんなことになったの？」

「お兄ちゃんに会いたい」

「家族で過ごしたい」

「家に帰ったらだめなの？」


と泣くこともあり、私もどうにもしてやれないことに胸がつぶれそうになって、**とにかく２人で泣いているだけの時もありました**。

それでも、徐々に本来の明るさを取り戻したりおなは、頭痛の続く辛い毎日にも耐えてリハビリも検査も嫌がらずにこなしました（リハビリ中に変顔したり、ふざけたりして「真面目にやりなさい！」って私に怒られたりはしてましたが）。

りおなが入院中にずっと言っていたのは、とにかく早く家に帰って家族と過ごしたい、そしてお兄ちゃんに会いたい、ということでした。

りおなは本当にお兄ちゃんが大好きなんです。退院当日は、家族全員でりおな念願のスシローに行き、久しぶりに家族で外食を楽しみました。

車椅子になってから変化したこと

2022年の秋に退院してから、りおなは家の外では主に車椅子で生活するようになりました。

2023年7月からは、りおな用に採寸してもらった車椅子も届きました。

それまではレンタルの車椅子を使っていたのですが、やはり自分用のサイズの車椅子の方が軽く、操作もしやすいようです。

また、りおなの体のサイズに合わせてあるので、スリムで今まで通れなかった狭

い道も通れるようになり、ずいぶん使いやすくなりました。

ただ、車椅子は私たちの住む田舎ではいいのですが、ちょっと都会に行くと、地下鉄やエレベーターなど上下の移動が多くなり、一気に不便になります。

エレベーターがないとか、エレベーターに人が多くて乗れないことがよくありました。

また、いろいろなところに段差があったり、入り口のドアの幅も狭くてスレスレで苦労したり。

これまで意識したことがなかったけれど、**実際に娘が車椅子ユーザーになってみると、改めて街の不便なところや車椅子の不自由さに気づきます。**

都会は道が狭くて車椅子で通るのは大変だし、道の悪いところはこぎにくい。いろいろな場面で普通より時間がかかってしまうので、最近では、出かけるときは時間に余裕を持って行動するようになりました。

それから、お店は「行きたい店」より、「入れる店」を探すようになりました。

以前、りおなのリハビリで大阪に行ったとき、りおなが「串カツ屋さんに行きたい」と言ったことがあります。

でもいざお店を探してみると、店内が狭くて入れなかったり、カウンターだけだったり、子ども用の椅子がなかったりしたので、結局串カツはあきらめて、まったく別のお店に行くことになってしまいました。

そのとき珍しくりおなは泣いてしまったのですが、それは串カツ屋に行けなかった涙ではなくて、私たちがお店を探して電話しまくっている姿や、エレベーターを探して長時間ウロウロしている姿を見て、「みんなに申し訳ない」と思ってしまったからでした。

「私のせいでみんなが行けないんだよね。ごめんね」

そう言って、皆に申し訳なさを感じて涙を流す娘の姿を見ていたら、私まで胸が

苦しくなりました。

子どもなんて、ワガママを言ったり、自分の気の向くままに歩き回るのが仕事みたいなものなのに。

ただでさえ、自分の思う通りに動けないもどかしさもあるだろうに、全部ガマンして文句も言わず、みんなに申し訳ないと思ってる娘。

私がりおなを抱っこして運ぼうとしたときも、「ママ、重いのにありがとう。もう少しだけがんばってね」なんて、私に気を遣って声をかけるんです。

そんな大人っぽい気遣いに、私は何と答えたらいいかわからず、「え〜？　ママは抱っこしたいからしてるだけだよー！　ぎゅー！」とふざけてみても、「そうなの？」なんて笑って信じたふりをして。

気丈に振る舞い、親に気を遣う娘の姿が切なくて、たまらなくなるときがあります。

りおなが辛いリハビリもがんばれる理由

それでも、りおなは自分の足で歩きたいという思いが強く、その目標に向けて、毎日リハビリをがんばっています。

小学校に上がるまでは、週に3日かかりつけの病院に通ってリハビリをし、週に2回は岡山ロボケアセンターというところに通っていました。

それぞれ車で片道1時間とか1時間半かかるので行って帰って来るだけでも大変です。小学校に通い出してからはなかなか行けないので、今は毎日家でリハビリをしつつ、毎週金曜は学校を休んでかかりつけの病院と、この岡山ロボケアセンターへリハビリに通っています。

また、岡山ロボケアセンターでは、皮ふに貼ったセンサーで、意思に従った動きをサポートする装着型サイボーグ「HAL®」をつけてリハビリをしています。

脊髄が損傷している場合や、体が麻痺している場合は、脳から体を動かす指令を

送ってもうまく動かせないと言われています。HAL®を使うことで動作を補助してくれて、反復して何度も挑戦できるから運動学習によいと言われています。


また、月に一度は、片道5時間かけて大阪のトレーニング施設J-Workout®へ行き、3時間のトレーニングをこなします。

帰りも5時間かかるので、相当ハードです。

でも、りおなは疲れを見せることもなく、リハビリに積極的に取り組んでいます。

傍から見ていると「辛そうだな」と思うこともあるけれど、**一度も弱音を吐いたことはないし、あきらめるどころか自分から次々と挑戦しています。**

トレーナーさんに休憩を促されても「取らなくて大丈夫」と続けようとすることすらあります。


たぶん、りおなにとっては、「今できることがある」ということが希望につながっているんだと思います。

それに、リハビリ以外の時間は座っているか寝転がっているかしかありませんか

ら、本人にとっては、**リハビリで立てること、立って視界が変わること、そして歩けることが何より嬉しいようです。**

また、手術直後は胸から下がまったく動かせなかったため、寝返りの補助が必要で、夜中も2時間おきにアラームをかけて体位を変えていたのですが、リハビリを進めるうち、ちょっと勢いを付ければ自分で寝返りができるようになってきました。

それと、座りながら足を前に運んだ後、お尻も運ぶことで、短い距離なら自力で動けるようにもなりました。

座ったまま両手を床からほんのちょっと浮かして、超早口で「12345678910！」と言う間、バランスを保てるようにもなりました。

さらに最近では、自作の歌を歌ったりダンスを踊ったり、ヒゲダンスしたりする余裕まで出てきました。りおなは踊るのが大好きだから、これは親としてもほんとに嬉しくて。

それに、最近では座った姿勢がぐっと安定してきました。

両手を離しての作業はまだ無理だけど、机やクッションにほんの少しでも肘を置けば、だいぶバランスが取れるようになってきています。

リハビリ中にも、体幹を褒められることが増えてきました。繰り返しリハビリしているうちに、少しずつ体幹がしっかりしてきたのかもしれません。

リハビリは本当に大変ですが、こうした姿をみると、いつも励ましてくれるトレーナーさんや先生たちには感謝の思いしかありません。

本人も動けるようになってきて、リハビリでも先生たちにたくさん褒めてもらって、とても嬉しそうです。

家では、リハビリの他に血流を良くするために、マグネシウム系の入浴剤を試してみたり、マッサージをしたり、ツボを押したり、電気をあてたりなど、いろいろやってみています。

りおな、YouTuberデビュー！

りおなはリハビリをがんばりながら、2023年を迎えました。そのすこし前から、ユーチューブチャンネル「ちいりおちゃんねる」を始めました。

SNSはもともとTikTokだけでしたが、その後なぜかシャドウバンされてしまったので、2022年末からは念願のYouTuberに。**ずっとやりたいと言っていただけあって、本人もやる気まんまんです。**

少し更新の間が空いたら、そろそろ「次のネタ考えなきゃね」などと自分から言い出して、**どんなネタをあげようかと常に思案してる6歳児です（笑）。**

もともと私自身はSNSを熱心にするタイプではなく、子どもがやるのも反対でした。

世間からの反応がダイレクトにわかってしまうSNSは危険だし、SNSとの付き合い方は、ゆっくり慎重に進めたかったからです。

でも、りおなはそんな私の心配をよそに、「もう○万人突破ってすごくない？」などと単純に喜んでは、「よしっ、次のネタ考えよ」と果敢にアイデアを出し、パパと変顔を追求し続けています。

フォロワーさんのコメントにも、プラスのパワーをいただきまくっています！（もちろん、本人に見せるコメントは事前に私がチェックした、プラスのものだけです）

この1年SNSを通して、応援していただくだけでなく、様々な情報をいただいたり、たくさんの出会いもありました。

たとえば、再生医療を受けることになったのも、SNSでの出会いがきっかけです。

再生医療というのは、患者自身や他の人の幹細胞をもとに機能を失った組織や臓器を修復したり、再生したりする治療のことです。

以前、私自身もいろいろ調べているうちに「再生医療」という治療法があることを知り、かかりつけの病院の先生に相談したことがありました。

しかしそうした治療は、まだ大学病院でごく限られた人を対象に行われている段

階で、りおなの場合は対象外だということでした。

それからもインスタやユーチューブで発信していたある日、ある脳神経外科の先生から連絡をいただきました。

その先生はSNSを通してりおなのことを知り、私たちの「再生医療を受けたい」という思いに、大変親身になってくださいました。

先生自らさまざまな医療機関に問い合わせてくださったり、私が気になっていた病院に話をしてくださったり……。

その中で、民間病院やクリニックでならば、自費にはなるものの、りおなでも受けられる再生医療があるのではないか、ということがわかってきました。

こうして、先生のおかげで、今りおなは実際に念願の「再生医療」を受けることができています。先生は今もずっと協力してくださっています。

今、りおなの再生医療をしてくださっているのは、「脳梗塞・脊髄損傷クリニック 提携大阪院 福永記念診療所」という、大阪にあるクリニックです。

病院の説明では、必ず治るとは言えないし、効果は限定的である可能性が高いというのですが、紹介してくれた先生の受け持っている患者さんのなかには、ここで再生医療を受けて良くなった方もいるそうです。

せめてほんの少しでも神経が回復するきっかけになったら――そう願いながら、今はいろいろな治療や可能性を試しているところです。

そういえば、ザ・小学生男子の長男も、最近「自分もYouTuberになりたい」なんて言い出したのですが、「りおなの場合は、病気のことを知ってもらって、皆に助けを求めやすくするのが目的だからね」と話しています。りおなが健康だったら、どれだけお喋りが上手でもYouTuberはやらせてないんだよって。

長男自身はその説明にいまいち納得してないみたいですし、コメントではよく「お兄ちゃんを出してほしい」という声もいただいています。

それでも、長男は基本的には動画に登場させない予定です。

やはり、多くの方に病気を知ってもらうという目的からは外れるからです。

また長男に関しては、「お兄ちゃんをもっと構ってあげてほしい」というコメントもいただきます。

確かに、りおなばかりがSNSに出ているので、そう心配になる方もいらっしゃるのかもしれませんが、私たち親も、いわゆる「きょうだい児」である長男のことは、ある意味りおな以上に心配しています。

なので、私も長男との時間はしっかりとるように気をつけています。

りおなもやさしいお兄ちゃんのことが大好きで、SNSには出ていなくても、いつも2人でよく遊んでいます。

涙腺は決壊！　感動の卒園式

2023年3月。りおなの通う幼稚園の卒園式が行われました。

会場に入ってくるりおなの姿が見えた瞬間、私の涙腺は完全に決壊……。

りおなは意外とにこにこ笑顔でお友だちや先生とお別れできていたのに、私の方

が号泣していて、りおなにびっくりされたくらいです。

最後の1年間はほとんど登園できなかったけど、長男の頃から数えると、5年間も通った園とのお別れが寂しくて。

それに、本当にいろいろあった濃い3年間を思い出したら、ぐっとこみ上げてくるものがありました。

実は、私も夫もここの卒園児でした。今回は、我が家にとって最後の幼稚園だったので本当に思い出は尽きません。

いつも特別な配慮の必要なりおなに、丁寧に寄り添っていただきました。

りおなは、年長の初夏の手術後は歩けなくなってしまったため、退院後も幼稚園には通えないまま、ずっと家で過ごしていました。教室も2階だったし、幼稚園に通うことはもう二度とないんだろうなと思っていました。

でも、本当にありがたいことに幼稚園の方から声をかけていただき、2月の終わりと3月の数日間、短時間でしたが、登園させてもらうことができました。

当のりおなは、もともと幼稚園が大好きだったはずなのに、手術後は一度も「幼稚園に行きたい」と言うことはありませんでした。
それなのに、2人で幼稚園に挨拶に行ったとき、幼稚園の先生が「りおなちゃん、また幼稚園に来る？」と聞いたら、即座に「行きたい！」と言うんです。

えっ、そんなに行きたかったの？

後で、「なんでもっと早く、ママに行きたいって言わなかったの？」と聞くと、「いや、困らせちゃうかなーと思って」と。
内心は行きたかったけど、それを言ったらママや周りが困ると思っていたようです。
そんな大人な配慮をする娘ですが、幼稚園に再び通うようになると、たちまち園児らしさを取り戻して、たくさんのお友だちとのびのび過ごせているように感じました。

一時は命すら危うい状態に陥っていた娘が、晴れやかな顔をして卒園式に出席し

ている。それを見ているだけで、涙が止まりませんでした。

そして４月。

りおなは小学校に入学しました。

朝と帰りは私が車で送迎して、昼休みにも私が足のマッサージに行っています。

りおなの学校には幸いエレベーターがあるので、車椅子でも苦労することなく通えています。

それ以外にも、学校の先生方がりおなの状態をよく理解してくださり、手厚く配慮してくださるおかげで、何も困ることなく過ごせています。

お兄ちゃんと一緒の学校ということもあって、りおなも心強く、仲の良いお友だちもできて、学校の勉強も楽しんでいるようです。

歩くことは絶対にあきらめない！

いつも明るくて前向きで、ひょうきんなりおな。とはいえ、まだまだ6歳。やっ

ぱり、いつもいつも前向きでいられるわけじゃありません。

自分は治るって信じてリハビリをがんばればがんばるほど、「こんなにやってるのにどうして？　いつになったら良くなるの……？」と落ち込むこともあります。

そんなときは、私も一緒に落ち込んで2人で泣いてしまうこともあります。

でも、2人でいろんな話をすることも多いです。

たとえば、こんな感じ。

私たちが住んでいる地域は、南海トラフ地震が起きたら被害が大きいと言われている地域なので、「もしも大地震が起きて今晩死ぬことになったら、最後の日に『治らん』って泣いてるの、嫌やない？」と私が話すと、「確かにそれは嫌や～」と娘。「楽しく過ごして、皆で笑ってる最後の日の方がいいやん。だからさ、今日はとりあえず笑っとこ！」と私が言うと、「それはそう！」とりおなが笑ったり。

ミサイルが発射されたというニュースがあれば、「今日、ミサイルが落ちて死ぬかもしれんのに、明日の足の心配するのはやめよ！　今この瞬間を楽しもうよ！」

とか。

長男が好きな宇宙の話を出して、「138億年前に生まれた宇宙のなかの、たった80年とか100年を生きてる私たちの人生なんて、ほんまに一瞬よな」とか。

まあ、やたら壮大な話をして煙に巻いている、と言えなくもないのですが（笑）、どんな説明や励まし方がそのときの娘の気持ちに寄り添えるかわからないので、そのときの自分にできる精一杯の話をしてみたり、逆にりおなの気持ちを聞き出したりするようにしています。

りおなは、最初は泣きながら話を聞いているけれど、最終的には必ず、やっぱりがんばる、とにかくあきらめるのは嫌だ、と言います。

支えてくれているのは、家族だけではありません。

病院の先生、リハビリのトレーナーさん、学校や幼稚園の先生やお友だち。

そして、おじいちゃんやおばあちゃん。

それに、SNSを見て、応援してくださる方たち。

いろいろな人の助けをお借りしつつ、少しでも良くなりそうなものがあるなら、あきらめずに挑戦してみようと家族で話しています。

かかりつけの先生の言っていた成長による神経回復の可能性や、再生医療などの医療の進歩を信じて、少なくとも絶対にあきらめないようにしよう、と。

私たちにはまだやれることがあるのです。

治らない日々も笑って過ごそう

こんなふうに、いろいろ大変なことも多い我が家ですが、ユーチューブやインスタを見ていただければわかるように、りおなはいつも本当に明るく過ごしています。

もともとひょうきんな子でしたが、お笑い大好きな夫に仕込まれて、お笑いの英才教育を受けているうち、ギャグが得意になってしまって(笑)。

夫は自分が好きな芸人さんのギャグを必ず子どもたちにやらせます。まず自分でそのネタをやって見せて、子どもたちに仕込むんです。

長男にもそのギャグをやらせようと赤ちゃんの頃から仕込んでいましたけど、長男には完全に嫌がられていました（笑）。

その反対に、りおなは自分から進んでギャグをやりたがる「優等生」。

流れ星☆のちゅうえいさんの「ウーパールーパー」や、ハリウッドザコシショウさんのネタなどを0歳の頃からさせていました。結果、りおなは現在のような女の子に（笑）。

最初は別に笑いを取ろうとしてSNSを始めたわけではありませんでしたが、私たち家族の何気ない日常を投稿していたら、喜んでくださる方たちが応援してくれるようになりました。

2023年の夏には日本テレビ系列の「24時間テレビ」に出演させていただいたり、他にもいろいろな番組やネットニュースで取り上げていただいたり。

こうしてたくさんのメディアに出ることで、なかにはマイナスなこともありますが、その何百倍も何千倍も何万倍も励ましの声をいただいています。

りおなと私たち家族が今、この瞬間の辛さをどれだけ和らげてもらっているか、

今をどれだけ特別な時間にしてもらっているか……。

感謝しても、しきれません。

本当のことを言うと、りおなが手術をした頃の私はずっとこう思っていました。

「自分たちは、なんて不幸なんだろう」って。

そして手術後のある夜、夫に電話したとき、ついこう話してしまいました。

「なんか私って子どもを病気にさせてばかりだし、次々悪いこともいっぱい起きるし、めっちゃ不幸やんな」って。

でも、夫からはびっくりする答えが返って来ました。

「そう？　どこが？」

純粋に、子どもたちは2人とも可愛くていい子たちだし、めっちゃやさしい旦那もいて、両親たちは皆元気で近くに住んでて、まあお金も生活に困るほどでもない

し、めっちゃ応援してくれる人たちもいて、何がそんなに不幸なの？って。

そのときは内心ちょっと腹が立って黙ってしまったんですが（めっちゃやさしい旦那って誰!?）、退院して家族で過ごすうちにじわじわと**「あ、確かにそうかも。私たちは本当に幸せものなのかもしれない」**と思うようになってきました。

夫のことを私以上に能天気な人だと思っていたけど、もしかしたら言ってることは間違ってないのかもしれない、と。

考えてみれば、リハビリをしたいと思っても、誰もができるわけじゃありません。りおなが嫌がらず、いつも前向きにがんばってくれるから続けられているし、私たち夫婦の両親も元気で、物理的にも精神的にもサポートしてもらえているからこそ、今の生活が成り立っています。

それに、SNSでは誰もが応援してもらえるわけじゃないのに、こんなに大勢の人たちに温かい声や励ましの言葉をいただけています。

こんな私たちは、幸せでラッキーというしかありません。

だから今の私は、「我が家はなんて恵まれているんだろう」と感じています。

それはりおなも同じなようで、よくこう話しています。

「こんなにたくさんの人に応援してもらってる人は他にいないね。りおはほんとに幸せものだね！」

病状という意味では、去年も今年も、残念ながらそれほど変わっていません。

それでも、去年とは比べものにならないくらい、毎日が楽しく明るいものになっているのは、やっぱりたくさんの方たちに応援していただいているおかげです。

だからこそ、「自分たちにはまだやれることがある」と感じられるし、あきらめずにがんばり続けることができるのです。

もう一度、自分の足で歩きたい――。

その夢に向かってがんばるりおなと一緒に、これからも家族みんなでがんばります。

ここまでよんでくれたみなさまへ

この本をよんでくれたみなさん、ありがとうございます。りおなです。

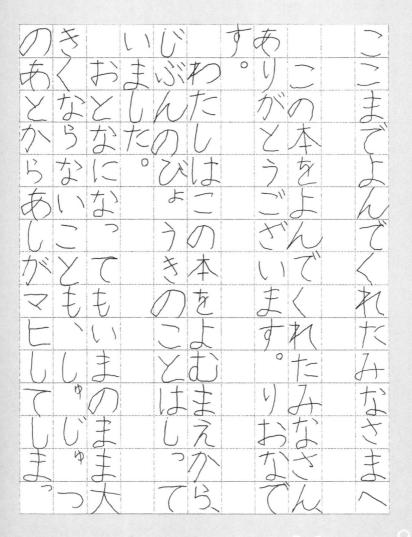

わたしはこの本をよむまえから、じぶんのびょうきのことはしっていました。

おとなになってもいまのまま大きくならないことも、しゅじゅつのあとからあしがマヒしてしまっていることもしっています。

どちらも、それをしったときはすごくショックだったし、かなしかったです。

いまもやっぱり、世がのびなくてしょうらいがふあんになるし、かぞくやおともだちがあるいていることがうらやましいです。どうしてこんなことになったのかなって、ないちゃう日もあります。

でもそんなときはパパやママが

はげましてくれたり、おにいちゃんがなぐさめてくれたりします。

　わたしのかぞくは、ちよっとおバカだけどやさしいパパと、いつもわたしをささえてくれるだいすきなママと、わたしのことをあまやかしてくれるなかよしのおにいちゃんの4人かぞくです。わたしはかぞくのことがだいすきです。びようきでうまれてきちゃったけれど、このかぞくのところにうまれてこれたのはとってもラッキーだったなあとおもっています。

いまはかぞくだけじゃなくて、あったこともない、たくさんの人たちがわたしたちのことをおうえんしてくれて、さらにすごくすごくうれしいです。いっぱいおうえんしてもらっているから、もっとがんばろうっておもえます。みんなにも、もっとえがおになってほしいとおもいます。

わたしにYouTubeをさせてくれてありがとう。みんなのこともだいすきです。

さいごにパパ・ママ・おにいちゃんへ

だぁいすきだよ♡これからもずっといっしょにいようね。

りおなより

ここまで読んでくださった皆さま、ありがとうございます。りおなのパパです。

この本は、りおなが僕たち夫婦の下に来てくれてから今日に至るまでの全てがつめこまれた内容になっています。

今年に入ってからはテレビ取材なんかも受けるようになった我が家ですが、僕の顔出しが事務所NGな事もあり、僕個人の思いを話す事が今までありませんでした。

そんな中、今回担当していただいたエリート編集部の方から「あとがきは是非お父さんで」と熱烈なオファーをいただき、せっかくなのでこの場を借りて少しだけお話しさせてもらおうと思います（あとテレビや動画だと、方言が強すぎて言っていることの半分も伝わらないので、文字のほうが適切に伝わりそうですす笑）。

さて、まず僕たち家族のことを振り返ってみると、
これまでに何度も山場と言えるピンチがありました。

最初のピンチは、長男の急性脳症です。なんの問題もなく元気だった息子が
痙攣を起こし、「今日から重い知的障害者になるかもしれない」と
説明を受けたときの衝撃は今も忘れられません。

そんな長男が奇跡的に回復した直後、りおな（胎児ver.）の不調が発覚したのが
2つ目の山場です。そこからは皆さまが読んでくださった通り、
この6年間は山場の連続でした。

つまり、これまでのりおなの人生はずーっとピンチの連続です。

僕たち夫婦は、どっちかというと楽観的な方だと思うのですが、さすがに子どもの命や障害に関わることについては、妻は相当神経をすり減らし心を痛めてきたと思います。

いつも僕は、この人生最大の山場の連続を、「自分まで暗く悲しんでいちゃいけない」という思いで乗り越えてきました。

子どものピンチのたびに憔悴しきる妻を見ていたら、「ここで俺まで泣いて悲しんでいたらだめだ!!」という、強い使命感のようなものが湧いてくるのです。

僕は家族を明るくしたい。
たとえ病気があっても、家族と笑って過ごしたい。
妻や子どもたちに笑顔でいてほしい。

別に意識していないけれど、心のどこかにそんな気持ちがあって、
それを実現しようとしているのかもしれません。
家事育児はイマイチの僕ですが、子どもたちが赤ちゃんの頃から、
この家に笑いをもたらしてきたのは僕だと自信を持って言えます。

僕は世間で言うイクメンとはちょっとだけ違うタイプの旦那ですが、
妻をいつも笑顔にするという意味で、
新たなジャンル・ヨキダン（良き旦那）を名乗らせていただいています。
ヨキダンは家事・育児こそあまり参加しないものの（本人はやっているつもり）、
妻と子どもの笑顔のために全力を尽くします。
ただ、自分自身の笑顔と楽しみを追求することも忘れないので、
周りからは麻雀とプロスピとユーチューブと漫画ばかりに熱中しているように
映ることもあるようですが……。

父親の僕から見ると、りおなは僕にも妻にも似ていますが、
でもやっぱり僕の方に多く似ている気がします。笑いに貪欲で、
おもしろいことが大好きなところは僕の遺伝と英才教育の賜物でしょう。
そんな僕の笑いのエッセンスと妻のしっかり者のところがブレンドされて、
今のりおなが出来上がったと思っています。

とはいえ、これまでりおなと共に生きてきて、まさかこんな風に娘が有名になって、
テレビや、まして本を出版することになるとはまったく想像もできませんでした。
僕の中の娘のイメージは、風邪をひいては人工呼吸器につながれたり、
足が麻痺して病室のベッドに横たわっていたりした、そんな娘でしたから……。
こんな未来は誰も想像できなかったと思います。

そう考えると、未来は決して暗くないなぁと思うわけです。

娘の麻痺も、明日はどうなるか誰にもわからない。僕にできることは、どうなるかわからない明日に向かう道を、涙ではなく笑顔と共に進めるよう、娘の背中を押してやることくらいです。

最後に、出版に携わってくださった方々へ感謝を伝えたいと思います。
本を監修してくださった整形外科医の森田光明先生、
KADOKAWA編集部のみなさま、ライターの真田晴美さま、
そしていつも僕たち家族を支えてくれる両親・兄弟・友人・会社の同僚たちのみなさまにお礼を申し上げて、僕からの挨拶とさせていただきたく思います。

2024年 1月

ヨキダンより

ちぃりお

2017年3月生まれ。愛媛県在住。パパ説教系YouTuber。先天性の骨系統疾患疑いにより超低身長（身長93cm、体重13.5kg）。3歳児くらいの体格の6歳児で、口が達者なひょうきんガール。2022年5月に受けた背骨の手術の影響で胸から下の体が麻痺し、歩けなくなる。歩くことを諦めず、ポジティブな毎日を投稿中。2歳上の兄がいる。好きな食べ物はお米と上塩タン。人生は4周目。

ちぃりおママ

1988年11月生まれ。愛媛県在住。ひょうきんな娘、説教されるパパ、やさしい息子の4人家族。大学卒業後、地元の信用金庫へ入行。出産後は家族が経営する会社で働く傍ら、娘の病気について周囲へ発信しようとTikTok、Instagram、YouTubeを開設。2022年12月に開設したYouTubeのチャンネル登録者数は、9か月弱で100万人を突破。

今日《きょう》も
さわやかに麗《うるわ》しく
生《い》きていきましょう

2024年1月31日　初版発行
2024年3月5日　再版発行

著者　ちいりお
　　　ちいりおママ
発行者　山下直久
発行　株式会社KADOKAWA
〒102-8177
東京都千代田区富士見2-13-3
電話 0570-002-301（ナビダイヤル）
印刷所　TOPPAN株式会社
製本所　TOPPAN株式会社

●お問い合わせ
https://www.kadokawa.co.jp/（「お問い合わせ」へお進みください）
※内容によっては、お答えできない場合があります。
※サポートは日本国内のみとさせていただきます。
※Japanese text only
定価はカバーに表示してあります。

ISBN 978-4-04-606533-9　C0095